AI机器人时代

机器人创新实验教程

1级

上册

丛书主编　钟艳如

丛书副主编　陈　洁

本册主编　肖海明　房济城

机械工业出版社
CHINA MACHINE PRESS

本书为《机器人创新实验教程 1级上册》，使用了模式主板。学生可以通过搭建模型并结合传感器，学习物理、数学知识，促进社会情感认知，提升逻辑思维能力等；通过身边生活的例子导入，认识天上飞的动物、地上跑的交通工具、水里游的鱼类及建筑工地上的工具等；通过动态化的模型和马达、齿轮的结合，引入遥控、传感器等原理，让学生了解生活中常见的物理现象，提高学生对生活的认知，激发学生的物理学习兴趣。

图书在版编目（CIP）数据

AI机器人时代：机器人创新实验教程.1级.上册/钟艳如主编；肖海明，房济城分册主编.—北京：机械工业出版社，2019.12（2021.1重印）
ISBN 978-7-111-64371-5

Ⅰ.①A… Ⅱ.①钟…②肖…③房… Ⅲ.①智能机器人 – 教材 Ⅳ.①TP242.6

中国版本图书馆CIP数据核字(2019)第281091号

机械工业出版社（北京市百万庄大街22号 邮政编码100037）
策划编辑：熊　铭　　责任编辑：熊　铭　石晓芬
责任校对：樊钟英　　封面设计：滕沛芳　黄　辉
责任印制：常天培
北京瑞禾彩色印刷有限公司印刷
2021年1月第1版第2次印刷
184mm×260mm·18.25印张·300千字
标准书号：ISBN 978-7-111-64371-5
定价：115.00元（共2册）

电话服务　　　　　　网络服务
客服电话：010-88361066　机 工 官 网：www.cmpbook.com
　　　　　010-88379833　机 工 官 博：weibo.com/cmp1952
　　　　　010-68326294　金　书　网：www.golden-book.com
封底无防伪标均为盗版　机工教育服务网：www.cmpedu.com

编写人员

顾　　　问　朱光喜　李旭涛
丛 书 主 编　钟艳如
丛书副主编　陈　洁
本 册 主 编　肖海明　房济城
本册副主编　李振庭
本 册 参 编　陈　坤　陈　丽　邓彩梅　董朝旭　胡　杰　黄　辉　贾　楠
　　　　　　邱　林　翁杰军　伍大智　周　靓　周宇雄　邹玉婷

序

以饱满的热情、创新的姿态，昂首迈进人工智能时代

世界已从制造经济时代进入了资讯经济时代，生活亦将从"互联网+"时代开始向"人工智能+"时代迈进

近几十年来，我们周围的世界乃至全球的经济与生活无时无刻不在发生着巨大变革。推动经济和社会大步向前发展的已不仅仅是直白可视的工业制造和机器，更有人类的思维与资讯。我们的世界已从制造经济时代进入了资讯经济时代，生产方式正从"机械自动化"逐渐向"人工智能化"过渡，我们的生活亦将很快从当前的"互联网+"时代开始向"人工智能+"时代迈进，新知识和新技能显得尤为重要。

编程和人工智能在新经济和新生活时代的作用与地位

人工智能（Artificial Intelligence），英文缩写为AI。它是研究、开发用于模拟、延伸和扩展人的智能的理论、方法、技术及应用系统的一门新的技术科学。该领域的研究包括机器人、语言识别、图像识别、自然语言处理和专家系统等。百度无人驾驶汽车、谷歌机器人（Alpha Go）大战李世石等都是人工智能技术的体现。

近年来，我国已经针对人工智能制定了各类规划和行动方案，全力支持人工智能产业的发展。

显然，人工智能时代已经到来！

三 人工智能时代的 STEAM 教育

人工智能时代的STEAM教育，其核心之一是培养学生的计算思维，所谓计算思维就是"利用计算机科学中的基本概念来解决问题、设计系统以及了解人类行为。"计算思维是解决问题的新方法，能够改变学生的学习方式，帮助学生创建克服困难的思路。虽然计算思维的基础是计算机科学中的编程等，但它已被普遍地应用于所有学科，包括文学、经济学、数学、化学等。

通过学习编程与人工智能培养出来的计算思维，至少在以下3个方面能给学生带来极大益处。

（1）解决问题的能力。掌握了计算思维的学生能更好地知道如何克服突发困难，并且尽可能快速地给出解决方案。

（2）创造性思考的能力。掌握了计算思维的学生更善于研究、收集和了解最新的信息，然后运用新的信息来解决各种问题和实施各项方案。

（3）独立自信的精神。掌握了计算思维的学生能更好地适应团队工作，在独立面对挑战时表现得更为自信和淡定。

鉴于编程和人工智能在中小学STEAM教育中的重要性，全球很多国家和地区都有立法要求学校开设相关课程。2017年，我国国务院、教育部也先后公布《新一代人工智能发展规划》《中小学综合实践活动课程指导纲要》等文件，明确提出要在中小学阶段设置编程和人工智能相关课程，这将对我国教育体制改革具有深远影响。

四 机器人在开展编程与人工智能教育时的独特地位

机器人之所以会逐步成为STEAM教育和技术巧妙融合的最好载体并广受欢迎，是因为机器人相比其他教学载体，如无人机、3D打印机、激光切割机等，有着其自身的鲜明特点。

（1）以教育机器人作为STEAM教育的物理载体，能很好地兼顾教育的趣味性、多样性、延展性、创意性、安全性和政策性。

（2）机器人教育能够弥补学校教育中缺乏的对学生动手能力和操作能力的实训。

（3）机器人教育是跨多学科知识的综合教育，机器人具有明显的跨界、融合、协同等特征，融合了电子、计算机软硬件、传感器、自动控制、人工智能、机械设计、人机交互、网络通信、仿生学和材料学等多学科技术，有助于培养学生综合素质。

（4）机器人教育适合各年龄段的学生参与学习，幼儿园阶段、中小学阶段甚至大学阶段，都能在机器人教育阶梯中找到自己的位置。

五 《AI 机器人时代 机器人创新实验教程》的重要性和稀缺性

《AI机器人时代 机器人创新实验教程》是依据STEAM教育"四位一体"教学理论和模式编写的，本系列课程共分1~4级，每级分上、下两册。

每级课程分别是基于不同年龄段的学生特点进行开发设计的。课程各单元开篇采用故事、游戏、问答以及图片或视频的形式引出主题，并提供主题背景知识，加深学生印象；课程按1~4级，从结构搭建、原理讲解到简单编程、复杂编程，从具体思维到抽象思维，从简单到复杂，从低级到高级，进行讲解；所涉及的学科内容涵盖了计算机、电子、结构、力学、数学、设计、社会学、人文学甚至历史等。通过本系列课程的学习，可以激发学生对科学探究的兴趣，通过机器人拼装、运行等帮助学生更好地学习到物理、编程和人工智能等相关知识与技能，提升对学生计算思维、创新能力和空间想象力的培养，并更好地理解人与自然、人与人、人与时间的联系等。

此外，本系列课程的编写顾问和编写成员阵容强大，除了韩端国际教育科技（深圳）有限公司（后简称：韩端国际）具有丰富经验、颇深专业素养的课程开发团队外，还诚邀中国教育技术协会副会长、中国教育技术协会技术标准委员会秘书长钟晓流教授，清华大学电子工程系博士生导师、国家自然科学基金资助项目会议评审专家杨健教授，汕头大学电子工程系李旭涛教授，以及多位曾任或现任教育主管部门负责人、教育考试院专家、知名中小学校校长、STEAM教育科研组资深老师等加入，保证了本系列课程的专业性、广泛性、实用性以及权威性。

我是在工作中了解到韩端国际的。这是一家十多年来专注于教育机器人领域的国家级高新技术企业，它长期致力于向广大学校、教培机构、学生和家长，提供"机器人+编程+人工智能+课程"的产品和服务，用户已经覆盖包括中国在内的全球近50个国家和地区，可以称得上是全球领先的科技教育品牌；它的教育机器人品牌是MRT（全称：MY ROBOT TIME）。从认识开始，我就对一个企业能十年如一日地专注于一个领域深耕，尤其是在投入长、要求高、回报慢的教育行业，是颇有好感，也是很钦佩的！2017年，韩端国际人又适时提出了"矢志打造人工智能时代行业基石"的口号，我个人对此是非常认同的。他们是真正在践行"编程和人工智能教育，从娃娃抓起"的理念，这是时代的呼唤，也是用户的诉求，既有对未来行业发展方向正确的认知，也有对行业发展责任勇敢的承担。

最后，我想说，不管你是否准备好，人工智能时代确实已经到来，那就让我们和我们的下一代，以饱满的热情、创新的姿态，昂首迈进人工智能时代吧！

此序。

朱光喜

2019年3月31日

写于华中科技大学

教学"工具包"配件清单

大模块

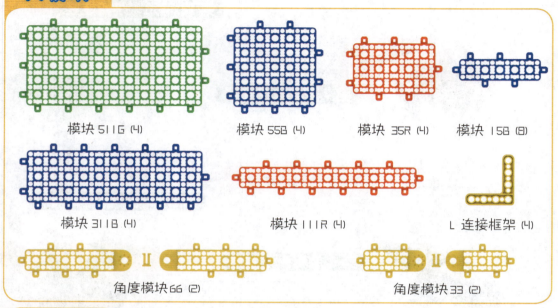

小模块/帽

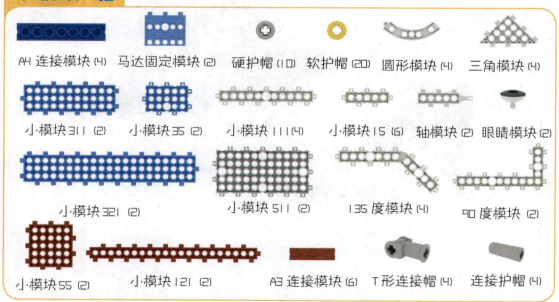

注：
1. 清单中"模块511G（2）"指的是竖直方向有5个圆孔、水平方向有11个圆孔的绿色模块，数量为2块，下同。其中"G"指绿色，"B"指蓝色，"R"指红色。
2. 在产品质量改进过程中，一些部件的外观和颜色有可能与实物有所不同。
3. 角度模块有凸点和凹点的区别。角度模块66和角度模块33可单个拆开搭配使用，形成角度模块36。

轴/框架/轮

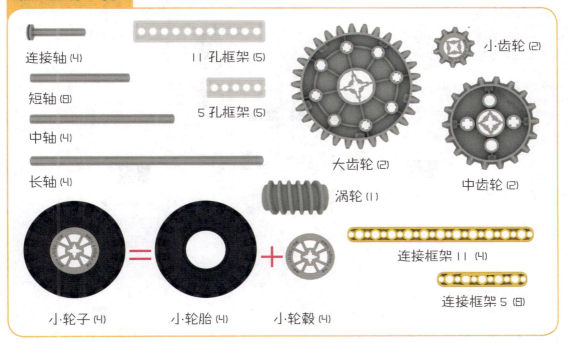

电子组件

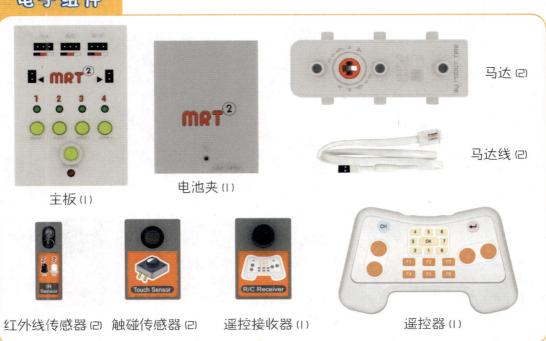

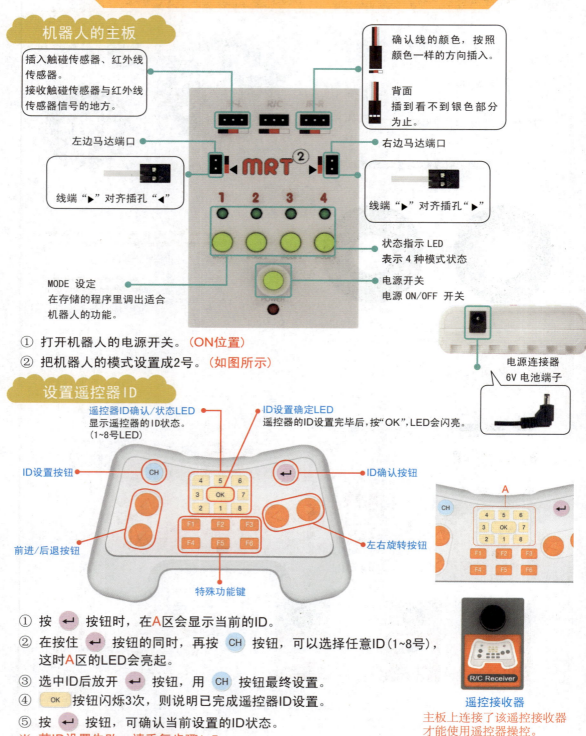

目录

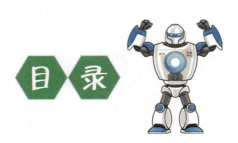

序		IV
创意拼装模型——本册闯关地图		VIII
教学"工具包"配件清单		X
主板和遥控器的使用说明		XII
第1单元	折叠椅	1
第2单元	阅读架	7
第3单元	房　子	13
第4单元	大灰狼	22
第5单元	大螃蟹	28
第6单元	滑　梯	34
第7单元	小兔子	41
第8单元	大鲨鱼	51
第9单元	三轮摩托车	62
第10单元	赛　车	71
第11单元	固定翼飞机	82
第12单元	跳舞娃娃	93

《实训评价手册》（另附）

第1单元 折叠椅

学习目标

◎ 通过观察折叠椅的开合，理解折叠椅撑开的原理。
◎ 掌握三角形具有稳定性的性质。
◎ 能够搭建折叠椅模型。
◎ 根据折叠椅撑开的原理，能够搭建其他形状的折叠椅。

大开眼界

❶ 框架变变变

观察图 1-1 中的图形框架，猜一猜哪个会变形，哪个不会变形，为什么呢？试试用教学"工具包"中的模块（连接框架 5、连接轴）搭建四边形和三角形，看看哪个会变形。

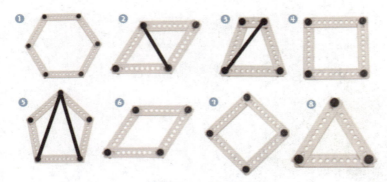

图 1-1　图形框架

❷ 折叠椅

折叠椅（图 1-2）的发明开始于约公元前 2000- 公元前 1500 年。在古代中，折叠椅是军队指挥官的专用座椅。后来，折叠椅因其折叠节省空间及便携等特点，成为人们生活家具中的一员，常见于野餐、海滩休闲、排长队等处。

多年来，全世界有成千上万的设计师设计出了既舒服又便于携带的折叠椅。人们也关注于使用尽可能小和轻的零件来制造折叠椅。

图 1-2　折叠椅

动手实现

1 本单元创意拼装目标：折叠椅（图1-3）。

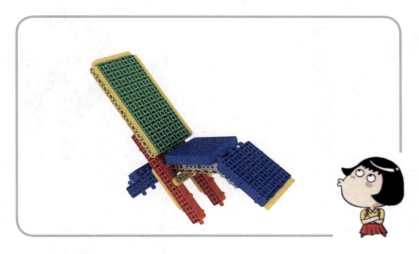

图1-3　折叠椅模型

2 准备材料

按照表1-1所示的配件清单准备拼装材料，做好搭建准备。

表1-1　配件清单

品名	图示	数量	品名	图示	数量
模块15B		3块	连接框架11		2块
模块111R		2块	角度模块66		2套
连接框架5		5块	模块55B		2块
模块511G		1块	135度模块		2块

③ 动手搭一搭（图1-4）

1

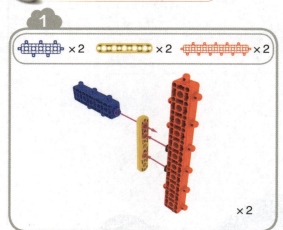

2

3

4

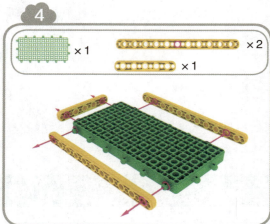

5

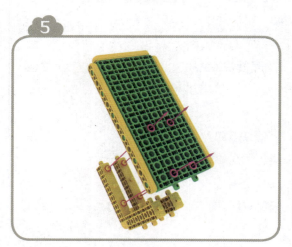

6

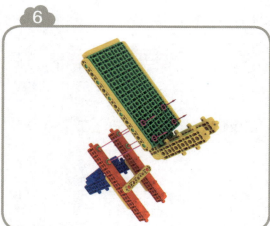

AI机器人时代

机器人创新实验教程

1级

上册

实训评价手册

"自评结果"按"一般""合格""优秀"填写
"综合评价"由指导老师填写

班级_____

姓名_____

第 1 单元　折叠椅

自评项	自评细则	自评结果
背景导入	认真了解背景知识	
	积极提出疑问	
	主动了解更多相关知识	
实验过程	准备所需配件	
	完成模型搭建	
	整理配件并放回原位	
探索创意	使用配件验证三角形的稳定性	
	上网搜索不同的折叠椅并进行观察	
	尝试搭建出其他形状沙滩椅	
合作交流	向同学介绍自己的创意模型	

撑开折叠椅一般有哪几种方式？

综合评价：

第 2 单元 阅读架

自评项	自评细则	自评结果
背景导入	认真了解背景知识	
	积极提出疑问	
	主动了解更多相关知识	
实验过程	准备所需配件	
	完成模型搭建	
	整理配件并放回原位	
探索创意	尝试改变模型形态	
	尝试搭建自己设计的阅读架	
合作交流	向同学介绍自己的创意模型	

心得体会：

综合评价：

第3单元 房 子

自评项	自评细则	自评结果
背景导入	认真了解背景知识	
	积极提出疑问	
	主动了解更多相关知识	
实验过程	准备所需配件	
	完成模型搭建	
	整理配件并放回原位	
探索创意	上网搜索不同的房屋并进行观察	
	尝试搭建出其他房屋	
合作交流	小组合作搭建复杂房屋	
	向同学介绍自己的创意模型	

画一画你心目中的理想住房吧!

综合评价:

第 4 单元 大灰狼

自评项	自评细则	自评结果
背景导入	认真了解背景知识	
	积极提出疑问	
	主动了解更多相关知识	
实验过程	准备所需配件	
	完成模型搭建	
	整理配件并放回原位	
探索创意	尝试改变模型形态	
	搭建出不同动物	
合作交流	向同学介绍自己的创意模型	
	使用模型和场景讲故事	

心得体会：

综合评价：

第 5 单元　大螃蟹

一起来画只大螃蟹吧!

你还能画出哪些水中生物呢?

(续)

自评项	自评细则	自评结果
背景导入	认真了解背景知识	
	积极提出疑问	
	主动了解更多相关知识	
实验过程	准备所需配件	
	完成模型搭建	
	整理配件并放回原位	
探索创意	尝试改变模型形态	
	搭建出大龙虾	
合作交流	向同学介绍自己的创意模型	

心得体会：

综合评价：

第6单元　滑　梯

自评项	自评细则	自评结果
背景导入	认真了解背景知识	
	积极提出疑问	
	主动了解更多相关知识	
实验过程	准备所需配件	
	完成模型搭建	
	整理配件并放回原位	
探索创意	尝试改变滑梯结构	
	尝试搭建复杂滑梯	
合作交流	向同学介绍自己或小组的创意作品	
	与同学合作搭建复杂滑梯	

心得体会：

综合评价：

第 7 单元 小兔子

自评项	自评细则	自评结果
背景导入	认真了解背景知识	
	积极提出疑问	
	主动了解更多相关知识	
实验过程	准备所需配件	
	完成模型搭建	
	正确连接元器件	
	整理配件并放回原位	
探索创意	尝试搭建其他形态的兔子	
	尝试去掉传感器看兔子是否能动	
合作交流	向同学介绍自己或小组的创意作品	

去掉一个传感器,小兔子还能动吗?

你觉得为什么去掉一个传感器会发生这样的情况呢?

综合评价:

第8单元　大鲨鱼

一起来画条大鲨鱼吧！

你还能画出其他鱼吗？

(续)

自评项	自评细则	自评结果
背景导入	认真了解背景知识	
	积极提出疑问	
	主动了解更多相关知识	
实验过程	准备所需配件	
	完成模型搭建	
	正确连接元器件	
	整理配件并放回原位	
探索创意	尝试改造鲨鱼的形态	
	尝试使用鲨鱼模型玩一个游戏	
合作交流	向同学介绍你的创意作品	
	与同学合作使用鲨鱼和其他鱼玩游戏	

试写出或画出你和同学用鲨鱼玩的游戏。

综合评价：

第 9 单元　三轮摩托车

自评项	自评细则	自评结果
背景导入	认真了解背景知识	
	能够找出不同摩托车的区别	
	积极提出疑问	
	主动了解更多相关知识	
实验过程	准备所需配件	
	完成模型搭建	
	正确连接元器件	
	整理配件并放回原位	
探索创意	尝试搭建其他形态的摩托车	
	比较不同形态摩托车的性能	
合作交流	向同学介绍自己或小组的创意作品	

说说你最喜欢谁的作品。

你为什么喜欢这个作品？

综合评价：

第 10 单元 赛 车

自评项	自评细则	自评结果
背景导入	认真了解背景知识	
	积极提出疑问	
	分享日常生活中看到的赛车	
实验过程	准备所需配件	
	完成模型搭建	
	正确连接元器件	
	整理配件并放回原位	
探索创意	尝试更改路线	
	尝试更改路线颜色看赛车是否能够运行	
	尝试让赛车在没有线的地方运动	
合作交流	小组合作设计各种路线	
	小组汇报探索结果	

改变了路线颜色后，赛车是否还能巡线？为什么呢？

在没有线的地方赛车表现如何呢？

综合评价：

第 11 单元　固定翼飞机

自评项	自评细则	自评结果
背景导入	了解不同的飞机	
	观察固定翼飞机，并找出其特点	
	分享观看飞机或搭乘飞机的经历	
实验过程	准备所需配件	
	完成模型搭建	
	正确连接元器件	
	整理配件并放回原位	
探索创意	了解喷气式飞机的原理	
	尝试搭建其他样式的固定翼飞机	
合作交流	和同学比赛看谁的飞机跑得快	

你觉得什么样的固定翼能让飞机飞行得更快呢？你觉得是为什么呢？

综合评价：

第 12 单元　跳舞娃娃

自评项	自评细则	自评结果
背景导入	认真观察齿轮工作原理	
	动手验证你理解的齿轮工作原理	
	分享玩娃娃的经历	
实验过程	准备所需配件	
	完成模型搭建	
	正确连接元器件	
	整理配件并放回原位	
探索创意	尝试改变齿轮个数	
	尝试更改娃娃的旋转速度	
	尝试利用齿轮运动原理搭建其他物品	
合作交流	向大家介绍你改造的结果	

试画图记录你所做的改动：

综合评价：

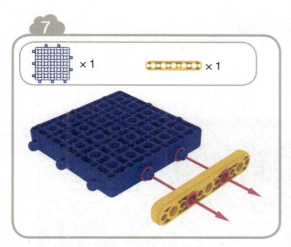
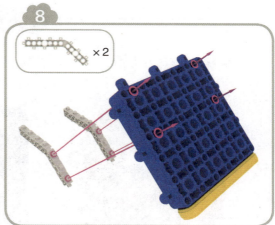
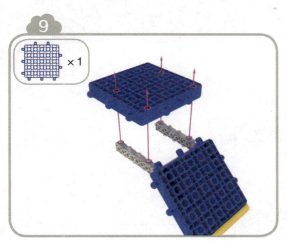
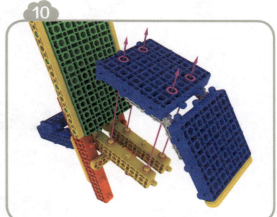
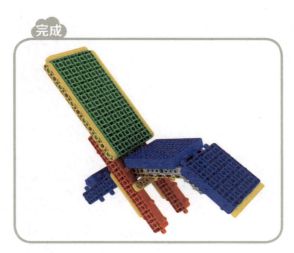

图 1-4 拼装步骤

开动脑筋

观察如图1-5所示的两种折叠椅，说说它们是靠什么撑开的呢？

a)　　　　　　　　　　　　　　　b)

图 1-5　折叠椅

发挥创意

尝试搭建其他不同形状的折叠椅。

结束整理

（1）请将作品拍照、保存。
（2）请将完成的作品拆除。
（3）请将所有配件放回原位。
（4）对照配件清单清点配件。

第 2 单元  阅读架

学习目标

◎ 了解阅读架的结构原理。

◎ 能够搭建阅读架模型。

◎ 能够进行创意搭建,改进阅读架。

1. 无处不在的三角形结构

参照图2-1示例，分别在图2-2~图2-4中，找出三角形结构，并在图中画出。

图2-1　示例

图2-2　工地吊架

图2-3　吊桥

图2-4　自行车

2. 阅读架

阅读架的结构分为底座、挡板、支撑架、书夹等，其中书夹是用来固定书籍打开的状态。

① **本单元创意拼装目标：阅读架（图 2-5）。**

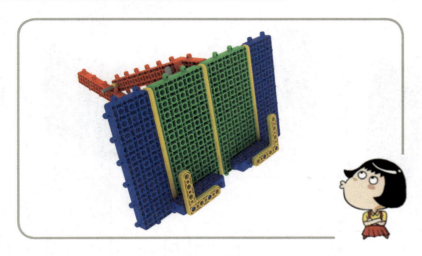

图 2-5 阅读架模型

② **准备材料**

按照表2-1所示的配件清单准备拼装材料，做好搭建准备。

表 2-1 配件清单

品名	图示	数量	品名	图示	数量
模块 311B		2 块	连接框架 11		4 块
模块 111R		2 块	模块 15B		3 块
模块 35R		2 块	模块 511G		2 块
连接轴		3 个	软护帽		3 个
L 连接框架		2 块			

❸ 动手搭一搭（图 2-6）

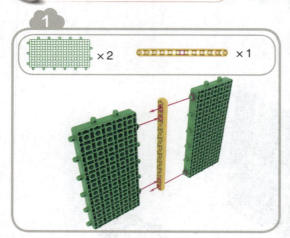

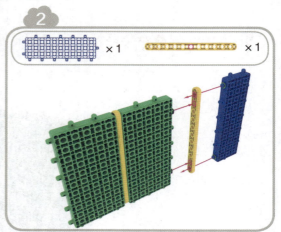

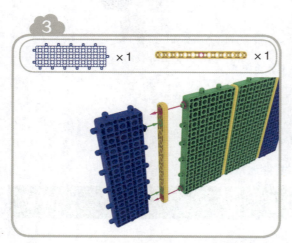

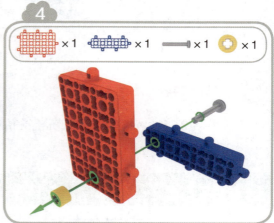

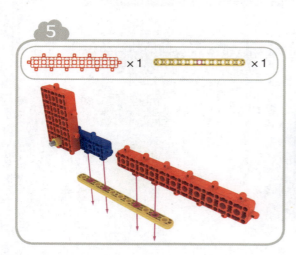

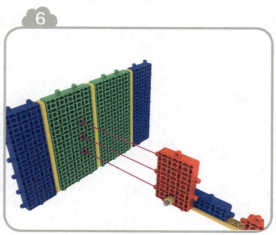

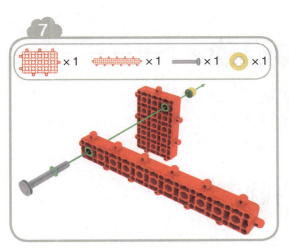
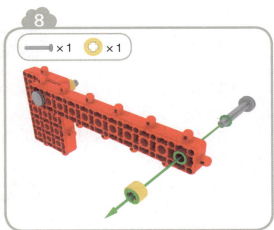
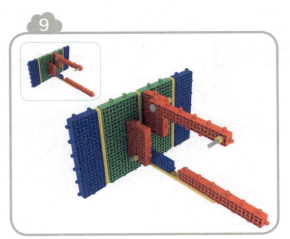
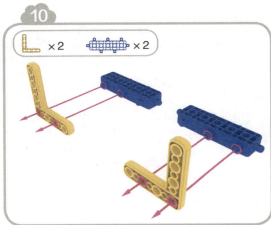
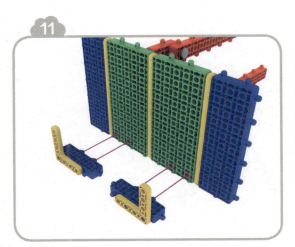
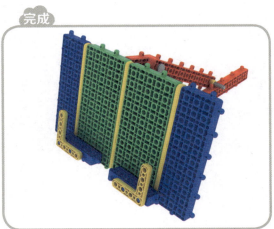

图 2-6 拼装步骤

（1）仔细观察所搭建的阅读架，想想它有什么不好用的地方？
（2）不同厚度及大小的书放在这个阅读架上，各自的使用效果如何？
（3）你还想给这个阅读架增加什么功能呢？

（1）请把你的不同的书放上阅读架试试，看能够放稳吗？
（2）尝试搭建你自己设计的其他形状的阅读架。

（1）请将作品拍照、保存。
（2）请将完成的作品拆除。
（3）请将所有配件放回原位。
（4）对照配件清单清点配件。

第 3 单元

 学习目标

◎ 了解不同的房子形态。
◎ 了解并思考房子与环境的关系。
◎ 能够搭建房子模型。
◎ 能够搭建出自己最喜爱的房子。

大开眼界

❶ 四合院

四合院（图3-1）是我国的一种传统建筑形式，一般是一个院子，院子四面建有房屋，从四面将庭院合围在中间。形状像"口"字的称为一进院落；形状像"日"字的称为二进院落；形状像"目"字的称为三进院落。

图 3-1　四合院模型

❷ 客家围屋

在两晋至唐宋时期，因为连年战争，住在黄河流域的汉人被迫往南方逃。他们先后逃到广东、福建、江西、香港新界等地。因为离开中原家乡，这些南下的汉人一直自称为"客"，就是客居他乡的意思，也就是现在说的客家人。客家人多数住在山上，有"逢山必有客、无客不住山"之说。为防外敌及野兽侵扰，多数客家人聚族而居，形成了客家围屋这种颇具特色的建筑形式（图3-2）。

图 3-2　客家围屋

3 因纽特人雪屋

因纽特人住在北极,那里非常冷,帐篷没有办法抵挡寒冷,所以他们就建造了有名的圆顶雪屋。雪屋是用雪做的各种大小不同的砖盖起来的。在雪屋内最深处,有一块用雪建成的高台,这就是因纽特人的床和桌子,他们休息、吃饭都在这个用雪做的高台上。从外面看,雪屋像半个球扣在地上(图3-3)。最大的雪屋地面直径只有七八米,小的则只有两三米。一间雪屋的平均寿命在五十天左右,因此,因纽特人每年盖新房和搬家次数均为世界之最。

图 3-3　因纽特人雪屋

4 非洲茅草屋

茅草屋是非洲最典型、最传统的房屋建筑(图3-4)。茅草屋有其自身的优点,例如,茅草屋比铁皮屋子更安静,下多大的雨也听不到滴滴答答的雨水声;用茅草和泥巴盖的茅草屋冬暖夏凉等。不过,它的缺点也是显而易见的,那就是怕火和怕白蚁。

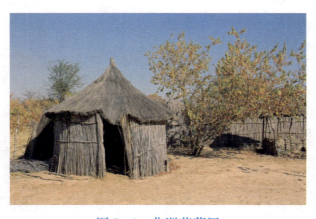

图 3-4　非洲茅草屋

动手实现

1 本单元创意拼装目标：房子（图3-5）。

图 3-5　房子模型

2 准备材料

按照表3-1所示的配件清单准备拼装材料，做好搭建准备。

表 3-1　配件清单

品名	图示	数量	品名	图示	数量
模块 311B		2 块	模块 35R		2 块
模块 55B		2 块	连接框架 5		4 块
连接框架 11		4 块	L 连接框架		4 块
小模块 511		1 块	模块 15B		4 块

（续）

品名	图示	数量	品名	图示	数量
小模块 15		1 块	小模块 311		1 块
小模块 35		1 块	模块 511G		2 块
模块 111R		2 块	三角模块		4 块
角度模块 33		2 套	135 度模块		1 块

❸ 动手搭一搭（图 3-6）

1

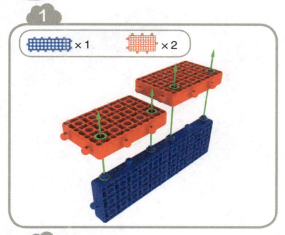

2

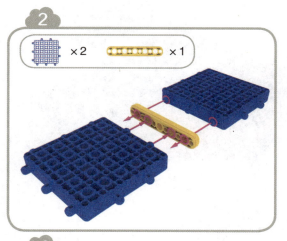

3

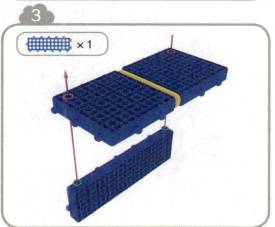

4

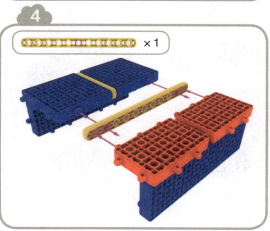

17

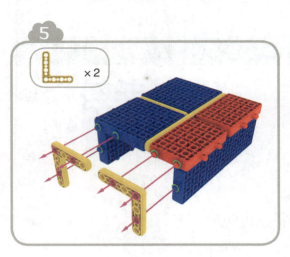
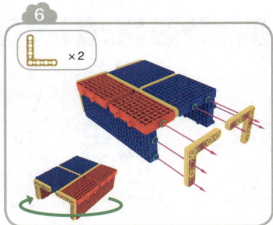

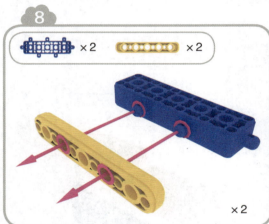
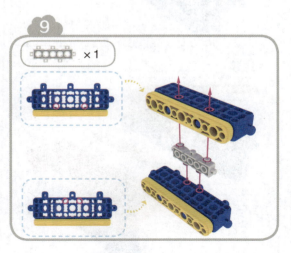
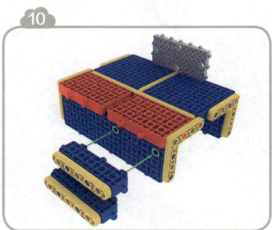

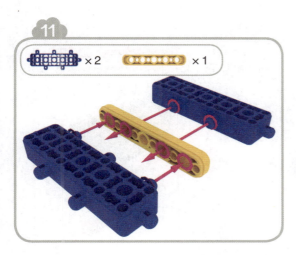
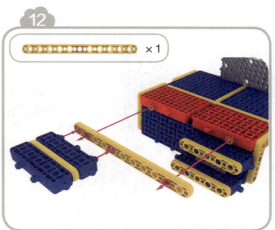
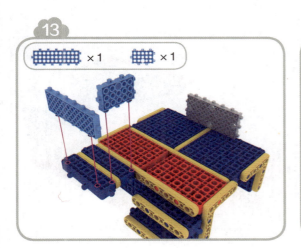
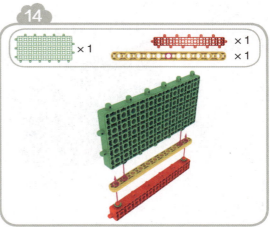
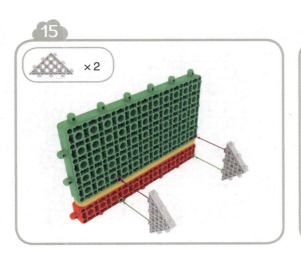
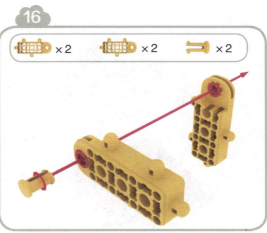

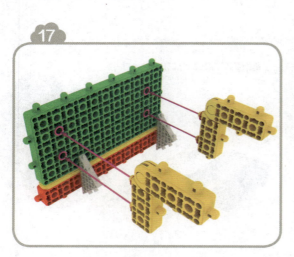
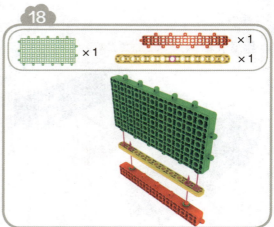
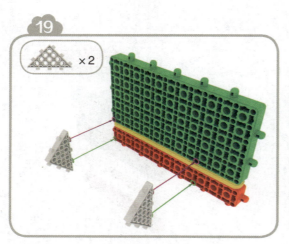
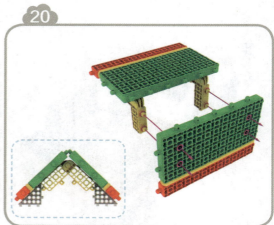

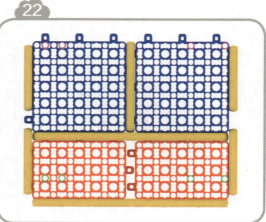

图 3-6 拼装步骤

（1）"大开眼界"中介绍的几种房子跟我们平时的房子有什么不一样的地方？

（2）猜猜因纽特人雪屋的雪砖是怎样固定在一起的？

（3）能够在北极盖茅草屋吗？为什么呢？

（1）你能够搭建出在日常生活中看到的高楼吗？

（2）和同学一起，搭建出更复杂的房子组合吧！

（3）你将来希望住在什么样的房子里？动手画一画吧！

结束整理

（1）请将作品拍照、保存。

（2）请将完成的作品拆除。

（3）请将所有配件放回原位。

（4）对照配件清单清点配件。

第 4 单元 大灰狼

 学习目标

◎ 认识狼的特征和生活习性。
◎ 能够搭建大灰狼模型。

你知道图4-1所示的童话故事《小红帽》吗?说一说,和大家一起来分享吧!

图4-1 童话故事

狼(图4-2)主要生活在森林、沙漠、山地、寒带草原等地方。它们一般晚上出来找食物。狼是肉食动物,吃鹿、羚羊、兔、老鼠等。狼的嗅觉、听觉十分敏锐,性格机警,能跑得很快。

狼的体型中等、匀称,四肢修长;面部尖长;鼻子突出;耳朵尖尖,直立向上;斜眼;尾巴毛茸茸,直直向下,垂于两后腿之间。

目前狼的生存环境不容乐观,估计我国野狼的总量只有几千只。狼的生存环境不断被破坏,我们要保护它们。

图4-2 狼

动手实现

1 本单元创意拼装目标：大灰狼（图 4-3）。

图 4-3　大灰狼模型

2 准备材料

按照表4-1所示的配件清单准备拼装材料，做好搭建准备。

表 4-1　配件清单

品名	图示	数量	品名	图示	数量
模块 35R		2 块	模块 15B		4 块
小模块 111		2 块	圆形模块		1 块
135 度模块		1 块	模块 55B		1 块
眼睛模块		2 块	连接轴		1 个
软护帽		1 个	A4 连接模块		2 块

③ 动手搭一搭（图 4-4）

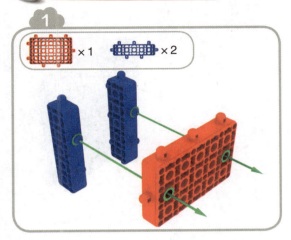
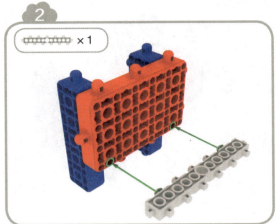
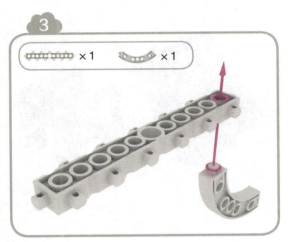
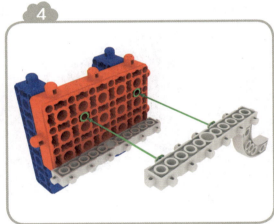
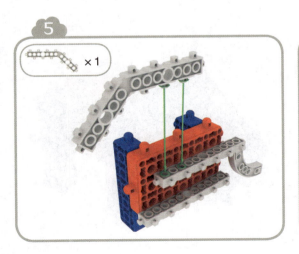
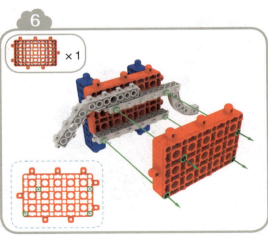

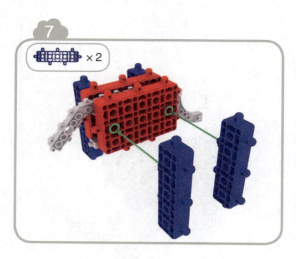
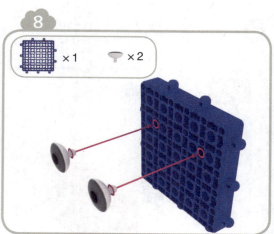
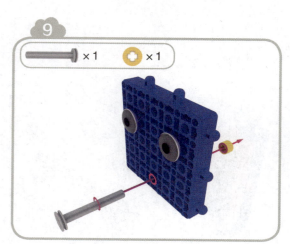
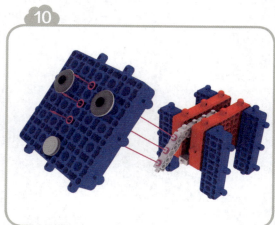
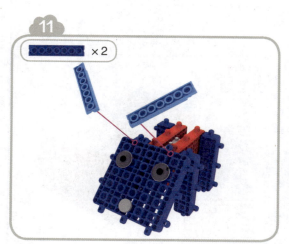

图 4-4 拼装步骤

发挥创意

观察如图4-5~图4-7中所示的不同姿态的狼，能不能尝试将拼装完成的大灰狼改成不同的姿态呢？

图 4-5　龇牙的狼

图 4-6　奔跑的狼

图 4-7　咆哮的狼

结束整理

（1）请将作品拍照、保存。
（2）请将完成的作品拆除。
（3）请将所有配件放回原位。
（4）对照配件清单清点配件。

第 5 单元

◎ 认识螃蟹的特征和生活习性。
◎ 学会根据特征画简笔画。
◎ 能搭建螃蟹模型，并进行改造。

参考如图 5-1 所示的大螃蟹简笔画的绘制步骤,大家一起来画一只大螃蟹吧!

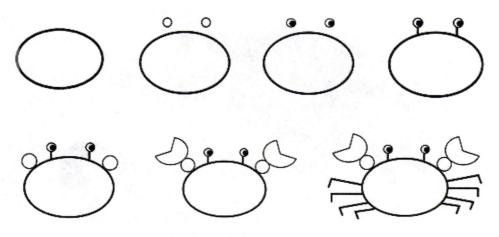

图 5-1　大螃蟹绘制步骤

螃蟹(图 5-2)大部分时间都在寻找食物,它们一般不挑食,只要用螯(áo)能够捕捉到的食物都可以吃,小鱼虾是它们最爱的食物,不过有些螃蟹吃海藻。螃蟹虽小,却是五脏俱全。将螃蟹的硬壳去掉后,我们可发现螃蟹的身体部分受到一层壳的保护,生物学家称这层壳为背甲。

图 5-2　螃蟹

动手实现

❶ 本单元创意拼装目标：大螃蟹（图 5-3）

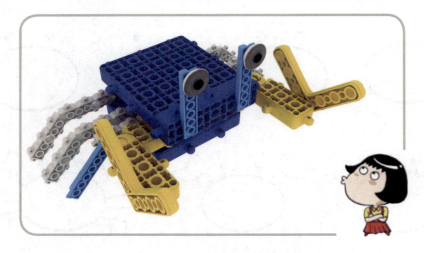

图 5-3　大螃蟹模型

❷ 准备材料

按照表5-1所示的配件清单准备拼装材料，做好搭建准备。

表 5-1　配件清单

品名	图示	数量	品名	图示	数量
模块 55B		2 块	135 度模块		4 块
A4 连接模块		4 块	小模块 15		2 块
L 连接框架		2 块	角度模块 33		2 套
模块 15B		2 块	眼睛模块		2 块

3 动手搭一搭（图 5-4）

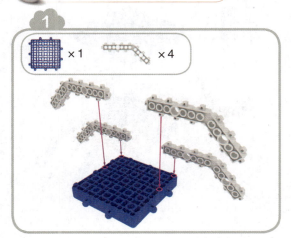

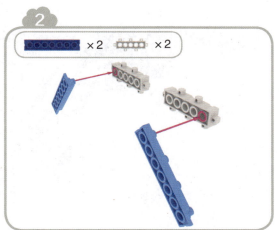

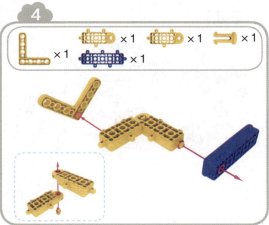

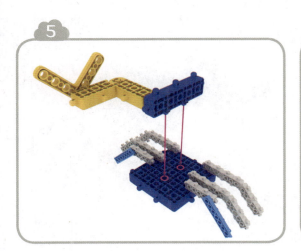

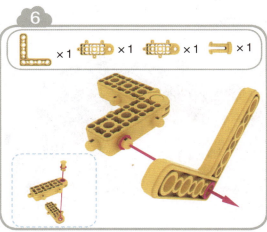

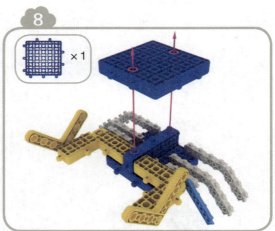
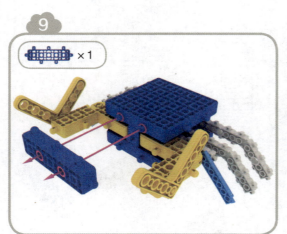
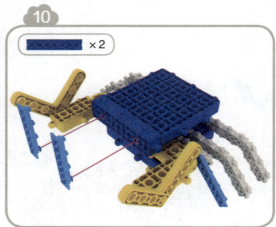

图 5-4 拼装步骤

发挥创意

（1）观察图5-5中的不同的小动物，哪些动物和螃蟹一样生活在水里呢？想一想，然后画上圈圈。

图5-5　小动物

（2）找出图5-5中的大龙虾并仔细观察。试一试，将本单元拼装的大螃蟹改造成大龙虾。

结束整理

（1）请将作品拍照、保存。
（2）请将完成的作品拆除。
（3）请将所有配件放回原位。
（4）对照配件清单清点配件。

第6单元

◎ 了解三角结构的稳定性。
◎ 能够搭建滑梯模型，并进行改造和升级。

认一认

滑梯是由坚固的三角形结构支撑的。在图6-1中，哪两个物品具有三角结构？认一认并标出来。

图6-1 认一认

大开眼界

滑梯(图6-2)为儿童体育活动器械的一种,常见于幼儿园或儿童游乐场中。另外也有特殊用途的滑梯，如在飞机上用作救生的滑梯等。

图6-2 滑梯

滑梯是在高架子的一面装上梯子，另一面装上斜形的滑道，从梯子上去，从斜道上滑下来。

小朋友在玩滑梯的时候，要遵守以下规则，以免发生意外。

1）排好队上台阶，不要从滑梯口倒爬上去。

2）脚朝下滑，上半身坐直，不要头朝下或肚皮朝下趴着滑。

3）要等第一个小朋友滑下滑道并离开，第二个小朋友才能开始滑。

4）从滑梯上滑下来后，立即起身离开滑梯，让后面的小朋友可以滑。

动手实现

① **本单元创意拼装目标：滑梯（图6-3）。**

图6-3 滑梯模型

② **准备材料**

按照表6-1所示的配件清单准备拼装材料，做好搭建准备。

表6-1 配件清单

品名	图示	数量	品名	图示	数量
模块311B		2块	连接框架11		2块
模块35R		2块	角度模块36		2套

（续）

品名	图示	数量	品名	图示	数量
连接框架 5		3 块	模块 111R		2 块
模块 15B		4 块	小模块 111		2 块
模块 511G		1 块	小模块 321		2 块
小模块 511		1 块	135 度模块		2 块

③ 动手搭一搭（图 6-4）

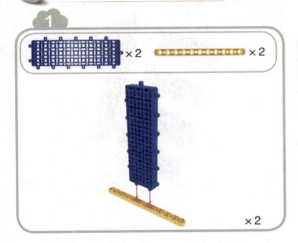

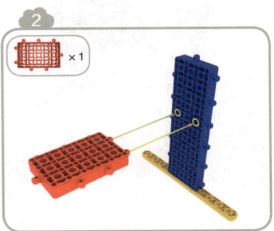

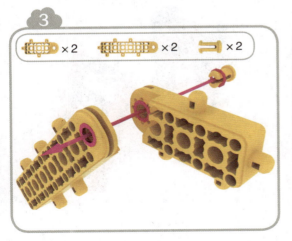

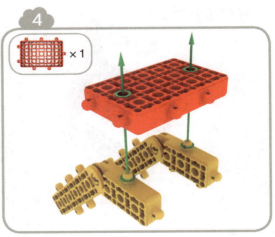

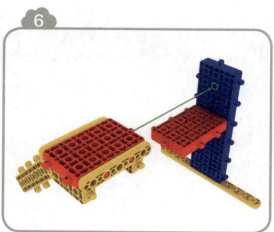
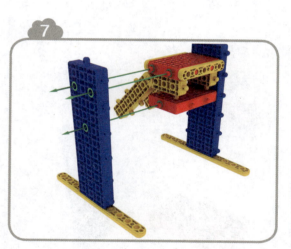
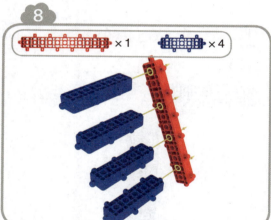
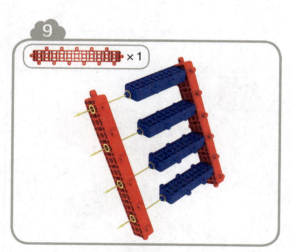
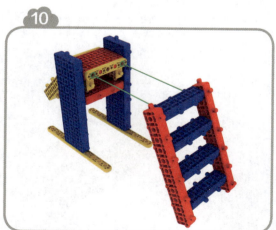

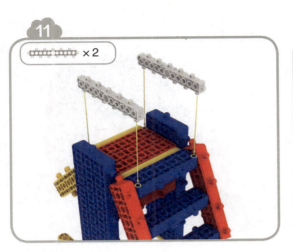
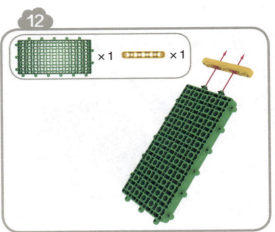
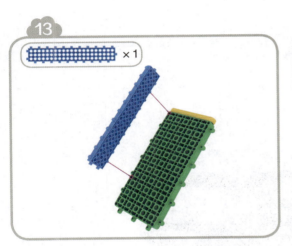
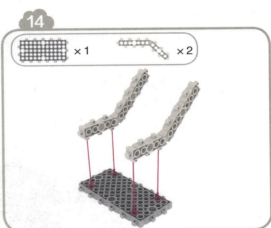
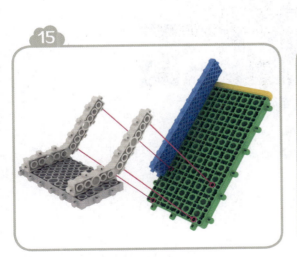
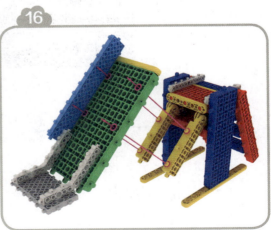

图 6-4 拼装步骤

发挥创意

（1）将滑梯中间的柱子拆掉，滑梯还能立起来吗？动手试试看。

（2）可以跟同学合作，将模块合并起来使用，搭建更复杂更好玩的滑梯（图6-5）。

图 6-5 复杂的滑梯

结束整理

（1）请将作品拍照、保存。
（2）请将完成的作品拆除。
（3）请将所有配件放回原位。
（4）对照配件清单清点配件。

第7单元 小兔子

 学习目标

◎ 了解兔子的特征和生活习性。
◎ 能够搭建兔子模型。
◎ 了解并掌握主板的接线和触碰模式设置。

你能猜出下面的文字描述的是什么动物吗？说出其他的谜语让小朋友猜一猜。

> 耳朵长，尾巴短，
> 红眼睛，白毛衫，
> 三瓣嘴儿胆子小，
> 青菜萝卜吃个饱。

兔子的身体可分为头颈、躯干、四肢和尾巴四部分。兔子的嘴巴比较短，有上、下唇，其中上唇有纵裂，形成三瓣嘴；有两颗向外突出的大门牙，口边有触须；耳朵长而大，甚至可超过头的长度（图7-1）；也有兔子耳朵较小或呈下垂状（图7-2）。兔子的尾巴短而毛茸茸，会团起来，像一个球，非常可爱！它们的前肢比后肢要短，有利于跳跃。

图7-1 兔子

图7-2 荷兰垂耳兔

动手实现

① 本单元创意拼装目标：小兔子（图 7-3）。

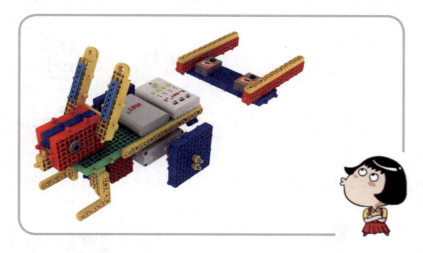

图 7-3　小兔子模型

② 准备材料

按照表 7-1 所示的配件清单准备拼装材料，做好搭建准备。

表 7-1　配件清单

品名	图示	数量	品名	图示	数量
模块 55B		2 块	中齿轮		2 个
硬护帽		4 个	软护帽		4 个
中轴		2 根	马达		2 个
连接轴		2 个	模块 311B		2 块
L 连接框架		2 块	角度模块 3		3 块

（续）

品名	图示	数量	品名	图示	数量
角度模块 6 凹		3 块	模块 111R		2 块
模块 511G		1 块	小模块 55		2 块
连接框架 5		4 块	模块 15B		4 块
连接框架 11		4 块	模块 35R		2 块
触碰传感器		2 个	A4 连接模块		2 块
主板		1 个	电池夹		1 个
眼睛模块		2 块			

③ 动手搭一搭（图 7-4）

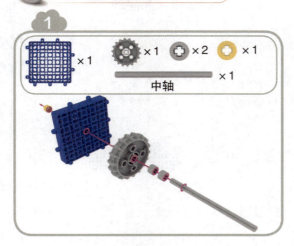

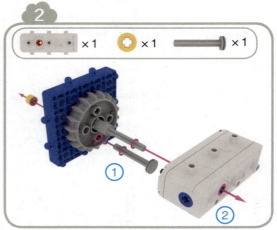

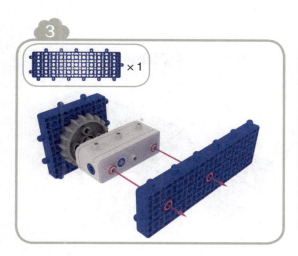
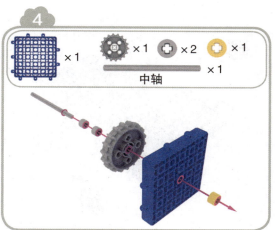

中轴

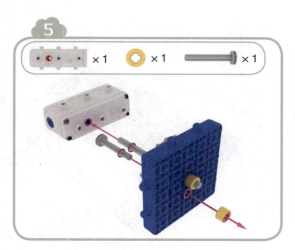
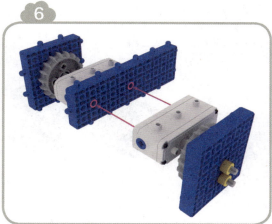

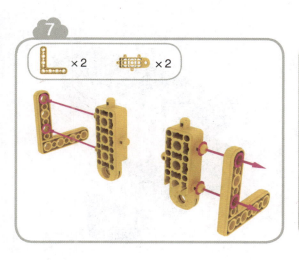
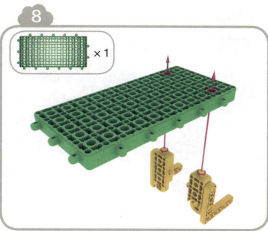

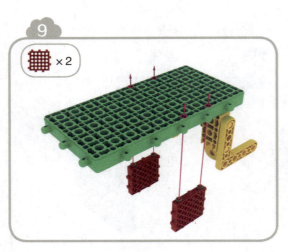
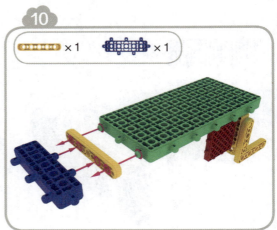

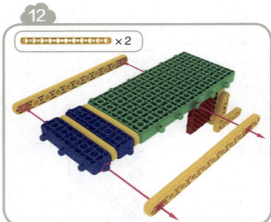
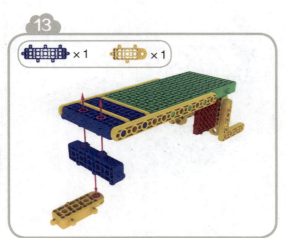
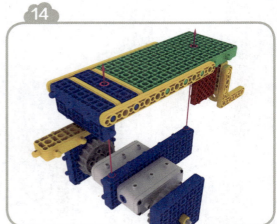

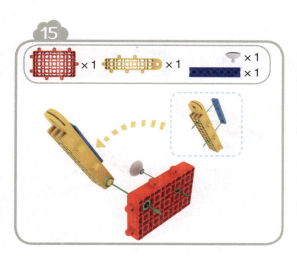
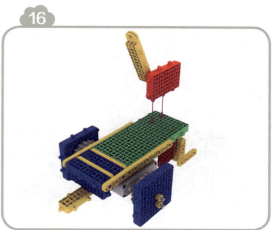
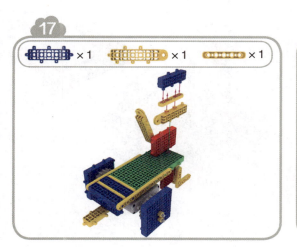
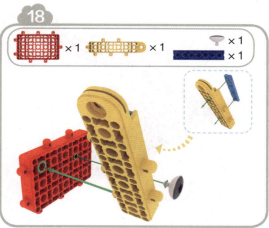

47

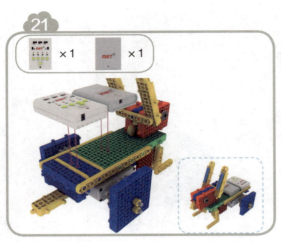
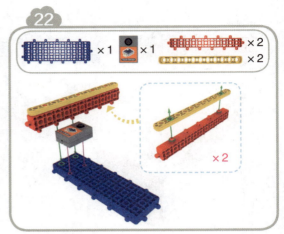
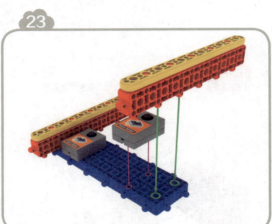

图 7-4　拼装步骤

④ 元器件连一连（图 7-5）

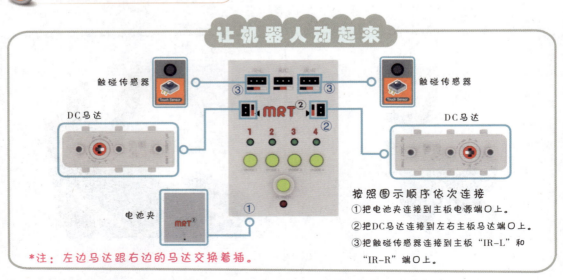

*注：左边马达跟右边的马达交换着插。

按照图示顺序依次连接
① 把电池夹连接到主板电源端口上。
② 把DC马达连接到左右主板马达端口上。
③ 把触碰传感器连接到主板"IR-L"和"IR-R"端口上。

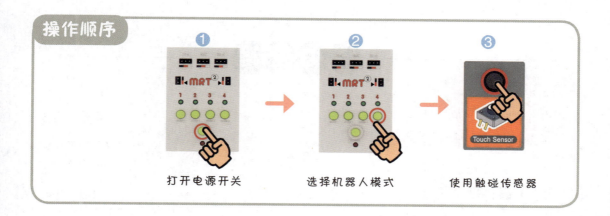

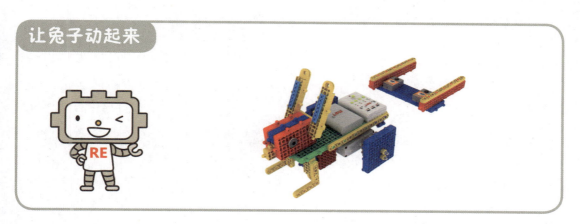

图 7-5 操作说明

（1）拼装完成后的小兔子你喜欢吗？能不能改变成其他形状的兔子呢？

（2）尝试将小兔子上的传感器去掉一个，看小兔子是不是还能动起来？

结束整理

（1）请将作品拍照、保存。
（2）请将电池夹关闭并拆下。
（3）请将电子元器件拆下。
（4）请将模型拆除。
（5）请将所有配件放回原位。
（6）对照配件清单清点配件。

第 8 单元

 学习目标

◎ 了解鲨鱼，懂得保护环境、爱护自然。

◎ 学会搭建和改建鲨鱼模型。

◎ 掌握设置及使用主板的遥控器模式。

（1）参照大鲨鱼简笔画绘制步骤（图8-1），让我们一起来动手画一条大鲨鱼吧！

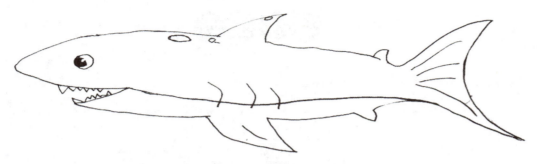

图 8-1　大鲨鱼简笔画绘制步骤

（2）观察大鲨鱼的简笔画和下文图 8-2 中的大鲨鱼实物图，向大家说一说它具有哪些特征呢？

鲨鱼（图 8-2）是海洋中的庞然大物。早在恐龙出现前就已经存在地球上，至今已存在超过五亿年。

图 8-2　鲨鱼

鲨鱼的身体一般呈纺锤形，分为头、躯干和尾三部分。它一般有 1、2 个背鳍，尾鳍发达，呈 Y 形扁平状，胸鳍和背鳍各有 1 对，适于在中上层水域中游泳。它的全身骨骼都是软骨，腹部较平坦，口在头的腹侧，横裂。鲨鱼的嘴里有尖利的牙齿，牙齿像锋利的刀，可以轻易地咬断手指粗的电缆。

鲨鱼游泳时主要是靠身体摆动向前推进。稳定和控制身体方向主要是通过背鳍和胸鳍。

近几十年来，有些人为了得到鱼翅而大量猎杀鲨鱼，让鲨鱼面临灭绝的风险。我们要好好珍惜它们，呼吁停止猎杀，"没有买卖，就没有伤害"。

动手实现

① 本单元创意拼装目标：大鲨鱼（图8-3）。

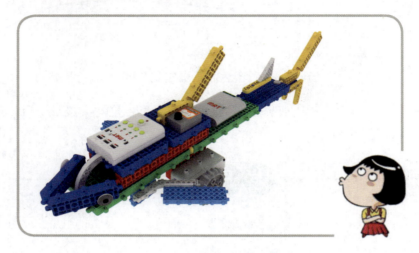

图 8-3 大鲨鱼模型

② 准备材料

按照表8-1所示的配件清单准备拼装材料，做好搭建准备。

表 8-1 配件清单

品名	图示	数量	品名	图示	数量
中齿轮		2块	中轴		2根
硬护帽		2个	马达		2个
模块35R		2块	软护帽		6个
小模块311		2块	135度模块		2块

（续）

品名	图示	数量	品名	图示	数量
5 孔框架		2 块	小模块 35	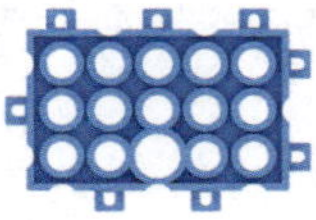	2 块
模块 511G	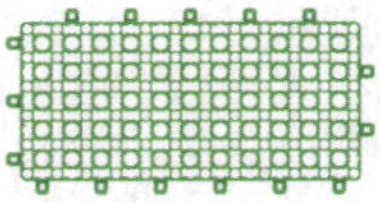	2 块	连接框架 5		2 块
模块 15B		4 块	眼睛模块		2 块
圆形模块	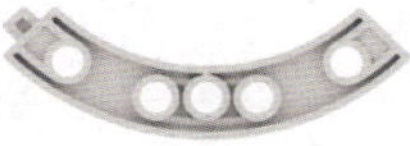	1 个	模块 111R		2 块
模块 55B	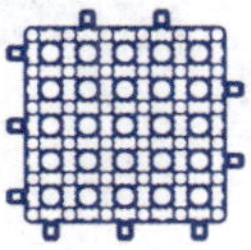	2 块	模块 311B	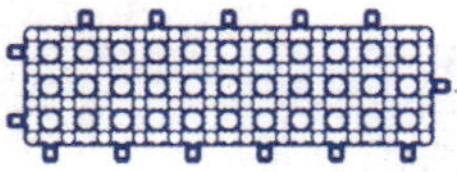	1 块
连接轴	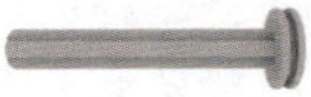	2 个	三角模块	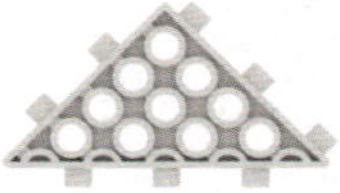	1 块
L 连接框架		2 块	角度模块 36		2 套
电池夹		1 个	主板	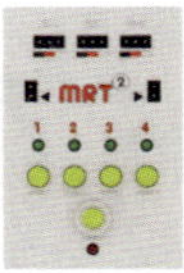	1 个
遥控接收器		1 个			

❸ 动手搭一搭（图 8-4）

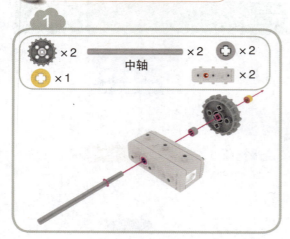

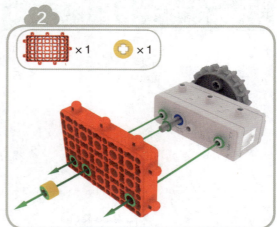

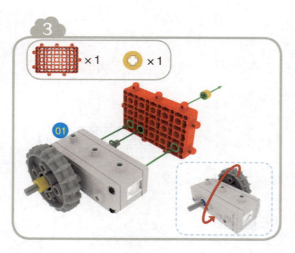

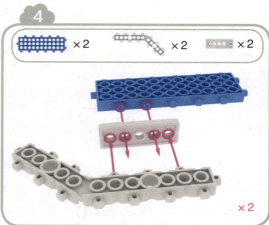

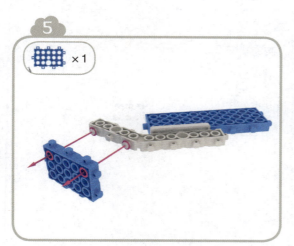

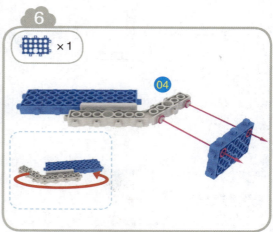

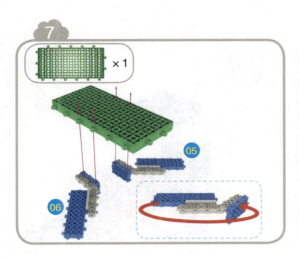
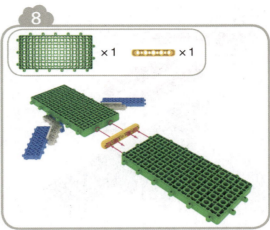
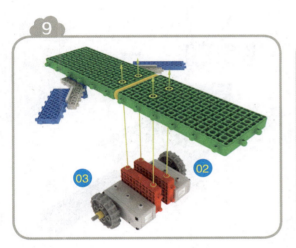
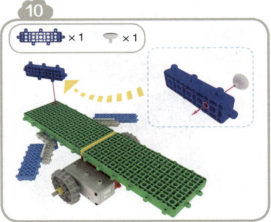
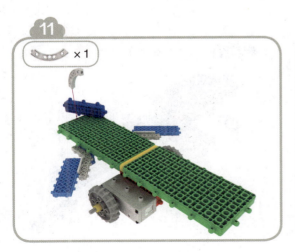
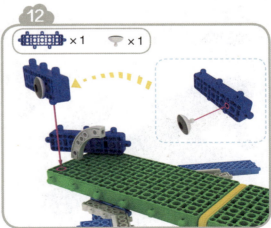

57

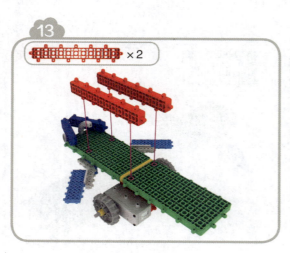
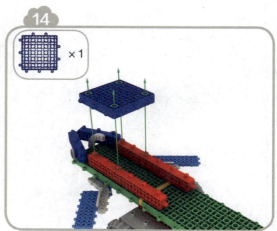
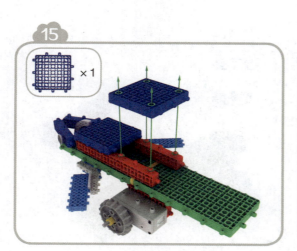
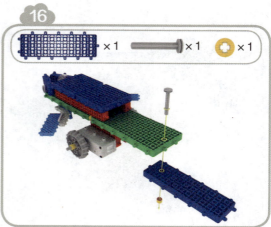

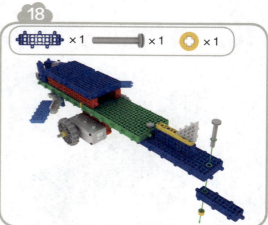

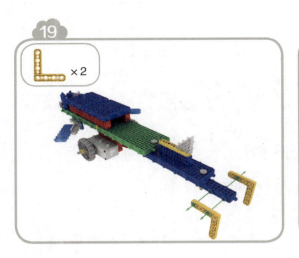
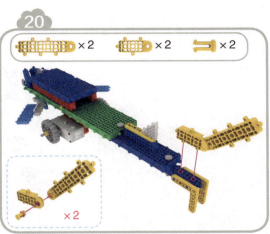
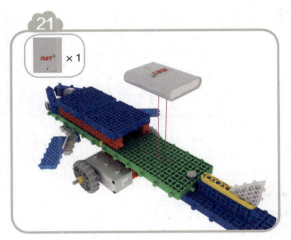

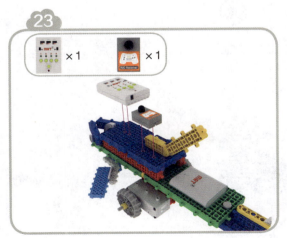

图 8-4 拼装步骤

④ 元器件连一连（图8-5）

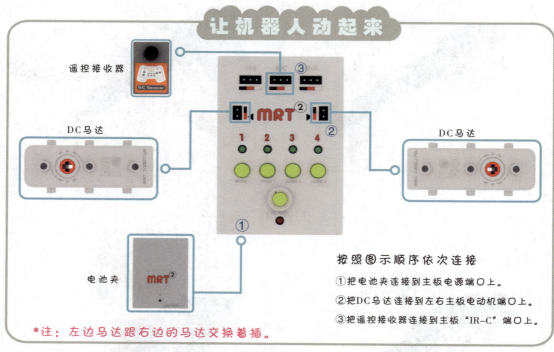

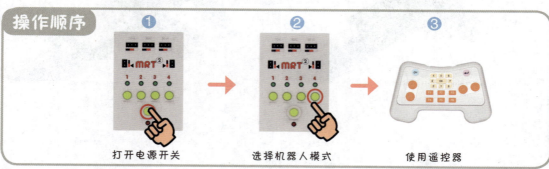

图8-5 操作说明

（1）结合其他小道具，和你的小伙伴进行一场游戏，看谁的鲨鱼可以吃到更多的小鱼。

（2）你还能画出其他鱼类的简笔画吗？然后根据简笔画利用我们拼装的鲨鱼进行改造。

（1）请将作品拍照、保存。
（2）请将电池夹关闭并拆下。
（3）请将电子元器件拆下。
（4）请将模型拆除。
（5）请将所有配件放回原位。
（6）对照配件清单清点配件。

第9单元 三轮摩托车

学习目标

◎ 认识不同的交通工具并分析各自的特征。

◎ 能够搭建三轮摩托车模型。

◎ 学会自己去查找资料。

◎ 发散思维,改造三轮摩托车并分析利弊。

数一数 说一说

数一数图9-1所示交通工具各有多少个轮子，分别将轮子数量填写在中间的方框中；说一说这些是什么交通工具，将名称填写在右边的方框中。

图9-1　各种交通工具

大开眼界

除了两轮摩托车，同学们在路上还见过三轮摩托车吗？

三轮摩托车按行业分类主要分为三类：老年三轮车（图9-2）、三轮货车（图9-3）、客运三轮车（图9-4）。

图9-2　老年三轮车

图 9-3 三轮货车

图 9-4 客运三轮车

① 本单元创意拼装目标：三轮摩托车（图 9-5）。

图 9-5 三轮摩托车模型

❷ 准备材料

按照表9-1所示的配件清单准备拼装材料，做好搭建准备。

表 9-1 配件清单

品名	图示	数量	品名	图示	数量
模块 55B	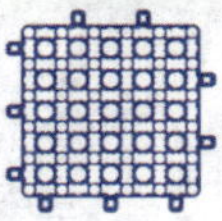	2 块	中轴		2 根
马达	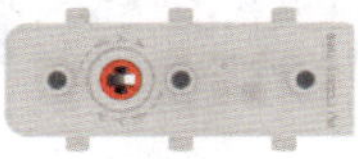	2 个	小轮子		2 个
软护帽		4 个	模块 511G	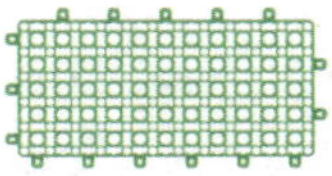	1 块
主板	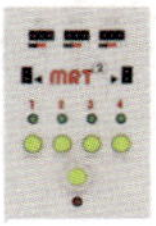	1 个	电池夹		1 个
模块 15B		4 块	小模块 35	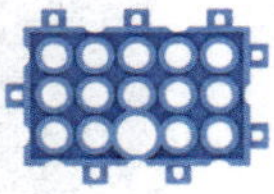	2 块
模块 111R		1 块	模块 35R	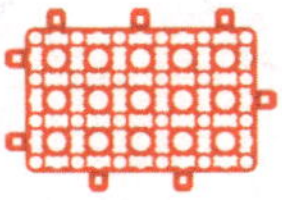	1 块
连接框架 5	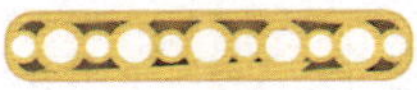	1 块	角度模块 36	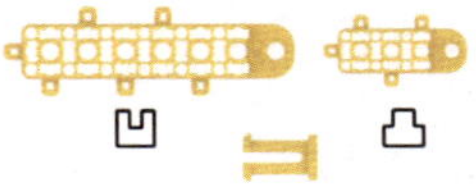	2 套
大齿轮		1 个	短轴		1 个
135 度模块	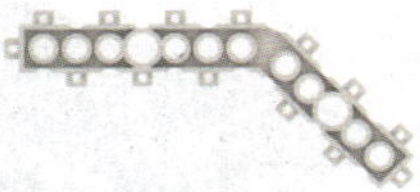	2 块	L 连接框架		2 块
遥控接收器		1 个			

③ 动手搭一搭（图9-6）

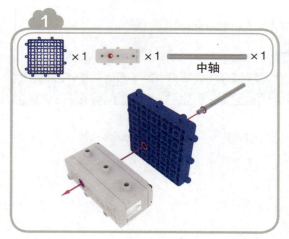

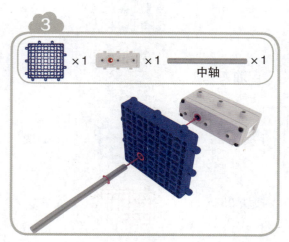
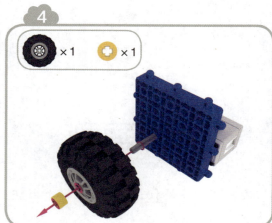
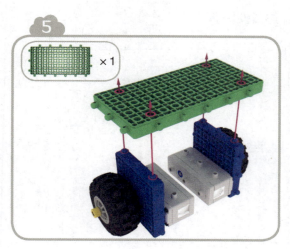
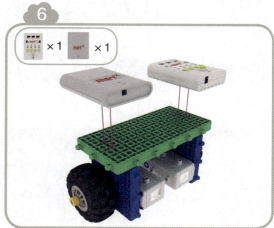

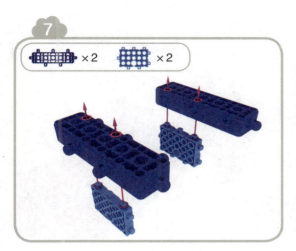
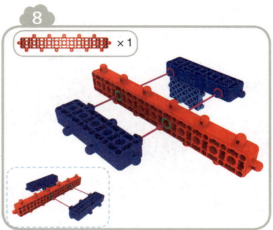
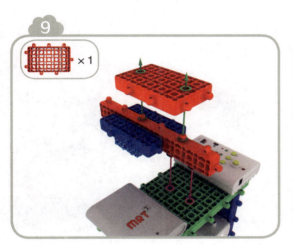
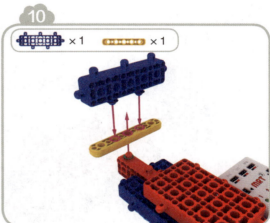
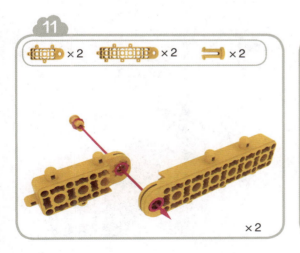
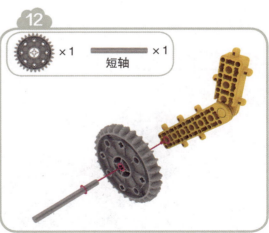

短轴

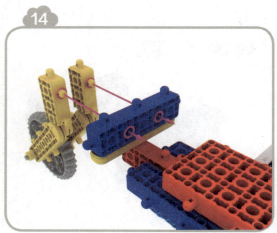

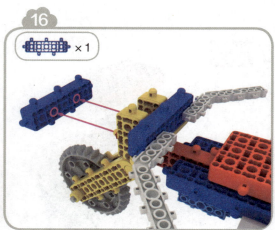
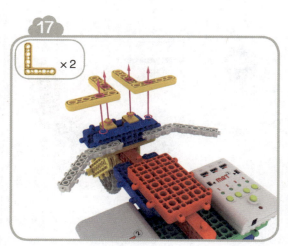
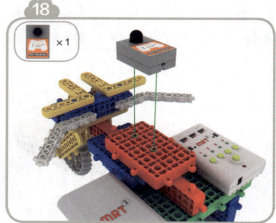

图 9-6　拼装步骤

④ 元器件连一连（图 9-7）

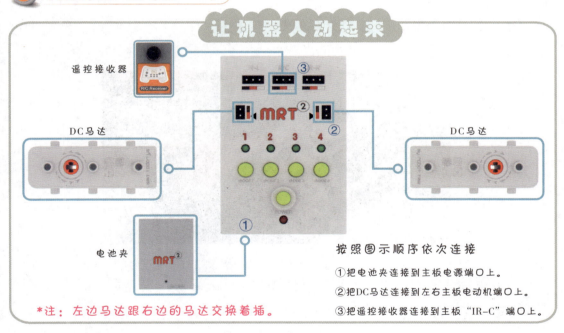

按照图示顺序依次连接
① 把电池夹连接到主板电源端口上。
② 把DC马达连接到左右主板电动机端口上。
③ 把遥控接收器连接到主板"IR-C"端口上。

*注：左边马达跟右边的马达交换着插。

操作顺序

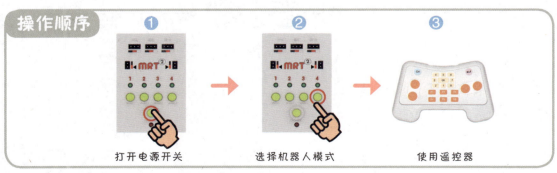

① 打开电源开关　② 选择机器人模式　③ 使用遥控器

让摩托车动起来

图 9-7　操作说明

（1）开动脑筋想一想，三轮摩托车和两轮摩托车对比，各有什么优点和缺点呢？

（2）查一查资料，了解如图9-8所示的交通工具的名称和特点。你能把拼装完成的三轮摩托车改造成它的造型吗？

图 9-8　某交通工具

（3）用改造后的三轮摩托车与其他小伙伴的三轮摩托车进行一场比赛，通过比赛想想它们各有什么优缺点。

（1）请将作品拍照、保存。

（2）请将电池夹关闭并拆下。

（3）请将电子元器件拆下。

（4）请将模型拆除。

（5）请将所有配件放回原位。

（6）对照配件清单清点配件。

第 10 单元

 学习目标

◎ 认识赛车和赛车运动，了解赛车的特点。
◎ 能够搭建赛车模型。
◎ 认识巡线运动及其原理，了解红外线传感器，掌握主板巡线模式的设置。

你玩过遥控赛车（图10-1和图10-2）吗？说一说赛车一般具有什么特点呢？

图10-1　赛车（1）

图10-2　赛车（2）

赛车运动起源于1894年，当时的比赛对参赛车辆没有任何限制，直到1904年国际汽车运动联合会成立后，出于公平性与安全性，开始尝试对参赛车辆进行分类和限制。赛车速度非常快，通常会在特定的场地、特定的赛道进行比赛。同学们如果去观看赛车比赛（图10-3），要到指定的观众席观看哦！

图 10-3　赛车比赛

① 本单元创意拼装目标：赛车（图 10-4）。

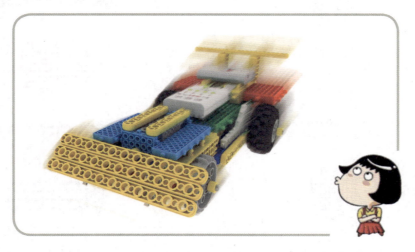

图 10-4　赛车模型

73

❷ 准备材料

按照表10-1所示的配件清单准备拼装材料,做好搭建准备。

表 10-1 配件清单

品名	图示	数量	品名	图示	数量
小轮子		2个	马达	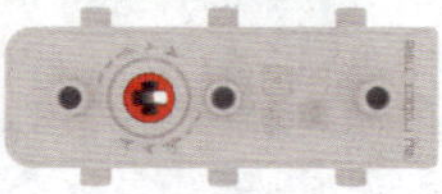	2个
软护帽		8个	硬护帽		8个
中轴		3个	模块 511G	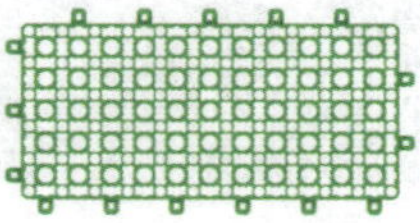	2块
模块 111R		2块	模块 15B		3块
连接框架 5	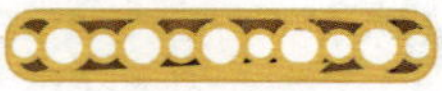	6块	135 度模块	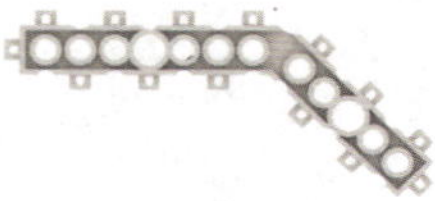	4块
中齿轮		2个	长轴		1根
角度模块 3 6	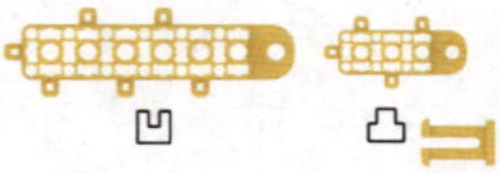	2套	模块 35R	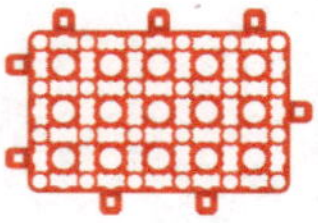	2块
小模块 15	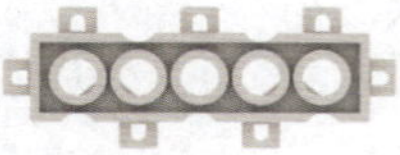	4块	连接框架 11		4块
模块 55B	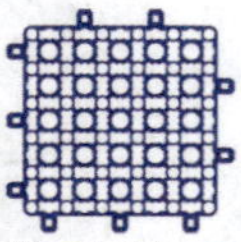	1块	小模块 311	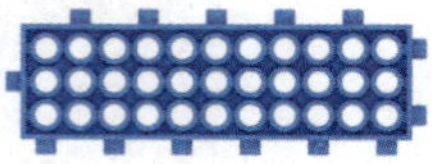	2块
角度模块 6凸	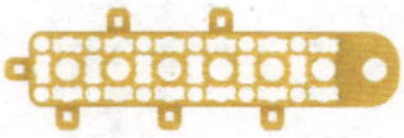	2块	T形连接帽		4个

（续）

品名	图示	数量	品名	图示	数量
小模块35		2块	红外线传感器		2个
轴模块		2块	5孔框架		2块
主板		1个	电池夹		1个

③ 动手搭一搭（图10-5）

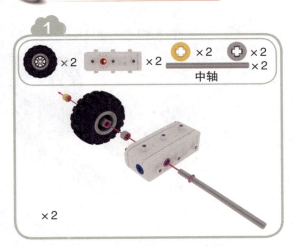

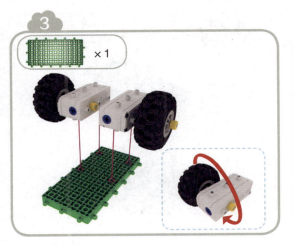

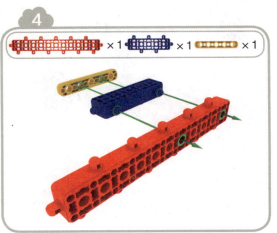

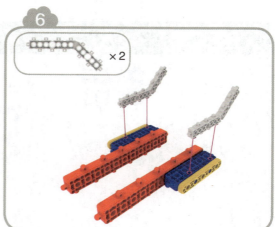

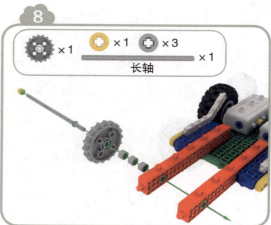
长轴

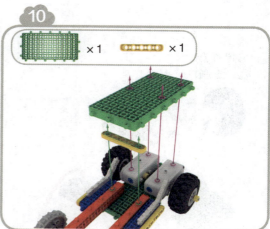

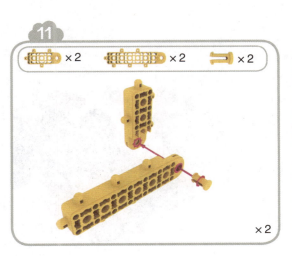
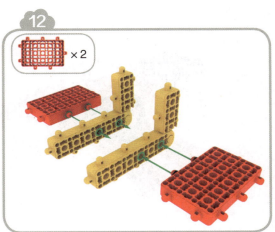

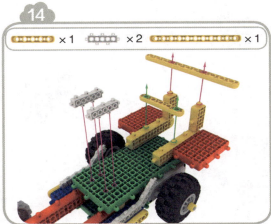
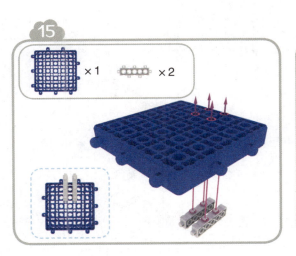
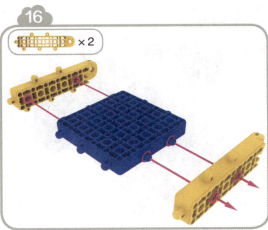

77

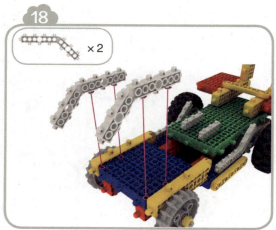
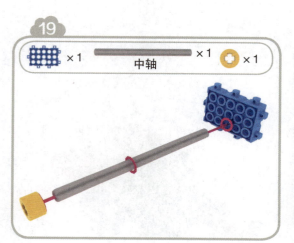
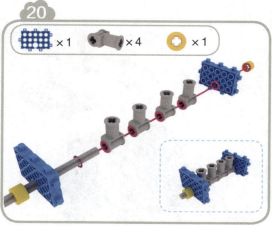

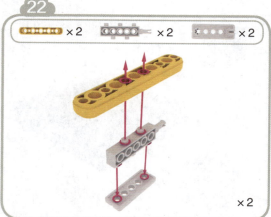

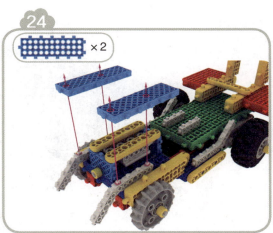

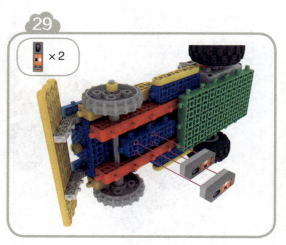

图 10-5　拼装步骤

4 元器件连一连（图 10-6）

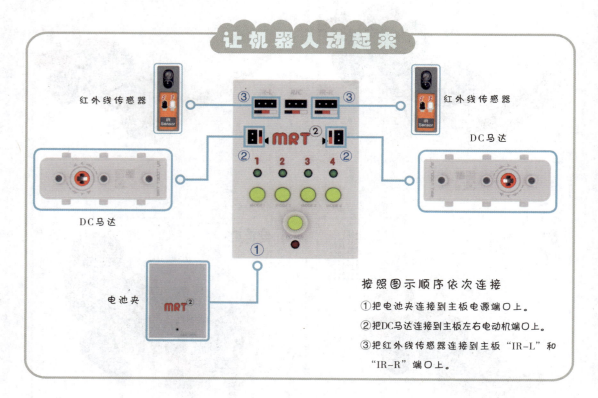

按照图示顺序依次连接

① 把电池夹连接到主板电源端口上。
② 把DC马达连接到主板左右电动机端口上。
③ 把红外线传感器连接到主板"IR-L"和"IR-R"端口上。

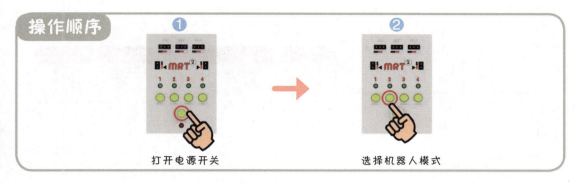

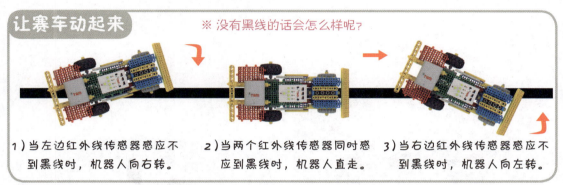

图 10-6 操作说明

（1）想一想如果没有黑线，我们的赛车会如何运动呢。

（2）想一想能不能将黑线改成其他颜色的线条呢。

（3）试一试将黑色直线改成黑色方框线条，或者黑色圆形线条，看赛车能不能进行巡线运动。

（1）请将作品拍照、保存。

（2）请将电池夹关闭并拆下。

（3）请将电子元器件拆下。

（4）请将模型拆除。

（5）请将所有配件放回原位。

（6）对照配件清单清点配件。

第11单元 固定翼飞机

 学习目标

◎ 了解什么叫固定翼飞机。
◎ 了解固定翼飞机的简单发展史。
◎ 能够搭建固定翼飞机模型。
◎ 尝试搭建其他飞机。

大开眼界

❶ 固定翼飞机（图11-1）

图11-1　固定翼飞机

固定翼飞机指的是机翼固定不动的飞机。我们常见的客机就是固定翼飞机。固定翼飞机是从复翼飞机、单翼螺旋桨飞机，发展到我们现在常见的喷气式飞机。根据翼的形状不同，还可以分成三角翼飞机、后掠翼飞机、前掠翼飞机等等。

❷ 复翼飞机（图11-2）

图11-2　复翼飞机

③ **单翼螺旋桨飞机（图11-3）**

图11-3　单翼螺旋桨飞机

④ **三角翼飞机（图11-4）**

图11-4　三角翼飞机

⑤ **后掠翼飞机（图11-5）**

图11-5　后掠翼飞机

动手实现

1 本单元创意拼装目标：固定翼飞机（图11-6）。

图11-6　固定翼飞机模型

2 准备材料

按照表11-1所示的配件清单准备拼装材料，做好搭建准备。

表11-1　配件清单

品名	图示	数量	品名	图示	数量
模块55B		2块	马达		2个
中轴		2根	软护帽		8个
硬护帽		3个	触碰传感器		2个
连接轴		2个	小模块511		2块

（续）

品名	图示	数量	品名	图示	数量
小轮子		2 个	模块 511G	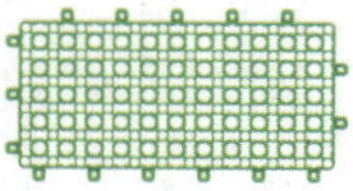	1 块
主板	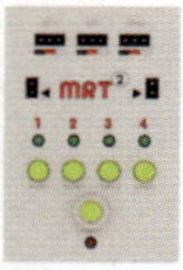	1 个	电池夹	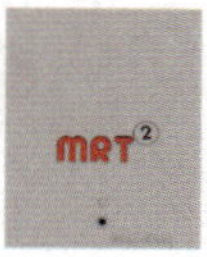	1 个
模块 111R		1 块	模块 15B	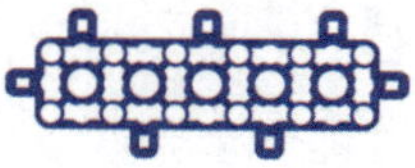	4 块
连接框架 5		8 块	模块 35R	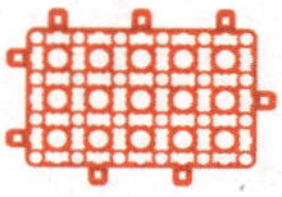	2 块
角度模块 3 凸		2 块	角度模块 36 凸 凹	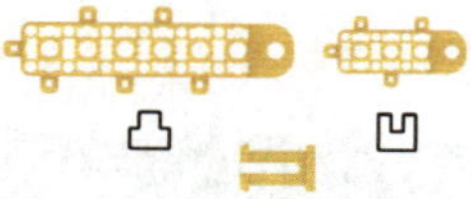	1 套
中齿轮		1 个	小模块 55		1 块
小模块 15	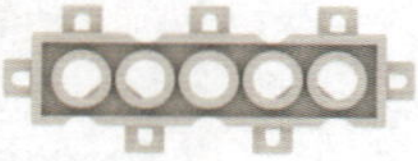	2 块	L 连接框架		4 块
连接框架 11		1 块	短轴		2 个

③ 动手搭一搭（图11-7）

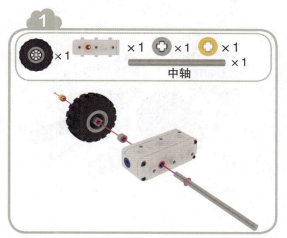

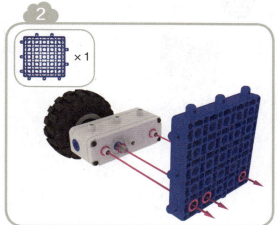

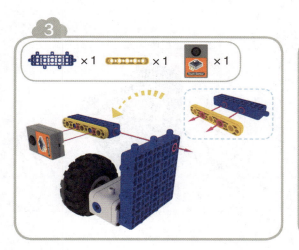

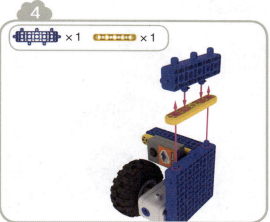

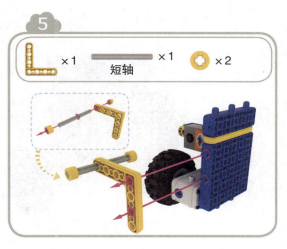

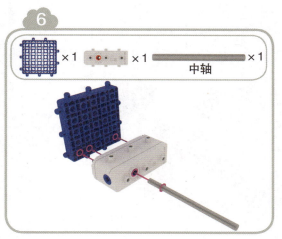

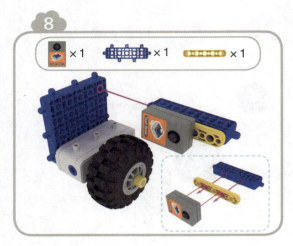

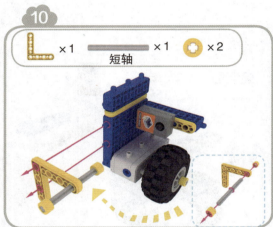
短轴
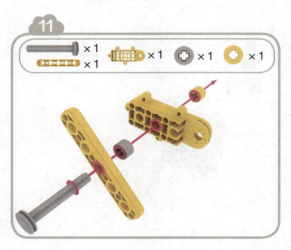

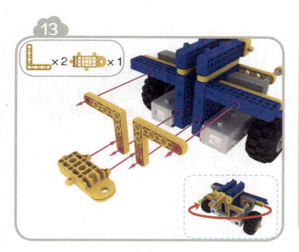
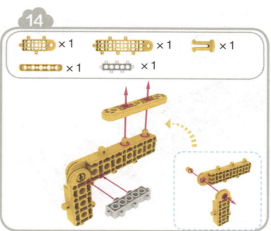
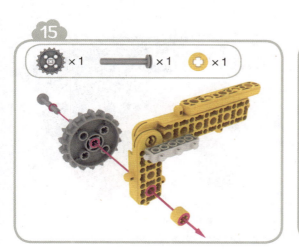
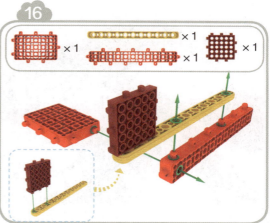

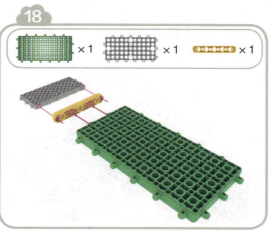

89

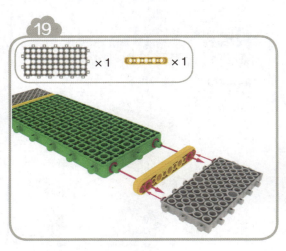
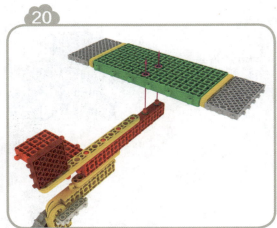
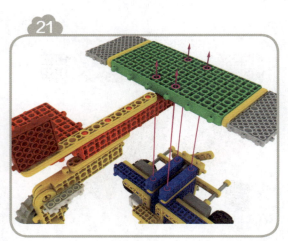
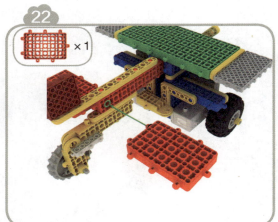
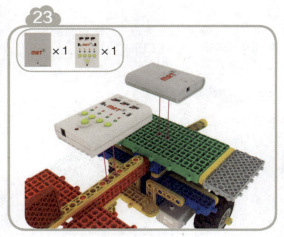

图 11-7 拼装步骤

❹ 元器件连一连（图11-8）

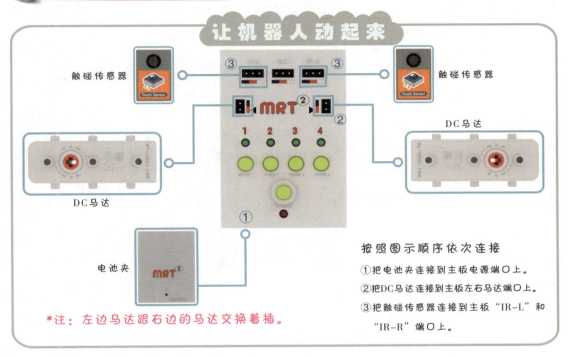

操作顺序

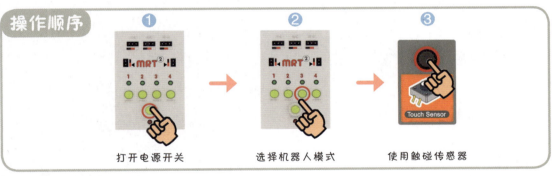

让飞机动起来

图11-8　操作说明

(1)你知道喷气式飞机是靠什么飞上天的吗？
(2)在生活中，你见过喷气式飞机吗？跟大家分享一下你的经历吧。
(3)想一想，为什么飞机的机翼要做出不同的形状呢？

试试搭建其他机翼形状的飞机，然后大家进行比赛，看谁的飞机跑得最快。

(1)请将作品拍照、保存。
(2)请将电池夹关闭并拆下。
(3)请将电子元器件拆下。
(4)请将模型拆除。
(5)请将所有配件放回原位。
(6)对照配件清单清点配件。

第 12 单元　跳舞娃娃

 学习目标

◎ 了解齿轮活动的原理。
◎ 能够搭建跳舞娃娃模型，并进行改造。

（1）在图12-1所示的两种齿轮连接方式中，两个大齿轮的旋转方向一样吗？

图12-1 齿轮连接

（2）如图12-2所示，使两组齿轮分别转动起来，图12-2a中的小齿轮和图12-2b中的大齿轮相比较，谁会转得更快呢？

图12-2 齿轮旋转

芭比娃娃（图12-3）出现于1959年，发明者露丝·汉德勒制造塑料娃娃的想法来源于她的女儿。一天，露丝看到女儿在玩一个纸做的娃娃，于是想到用塑料制作塑料娃娃给孩子玩。她以她女儿的名字给这些塑料娃娃命名为"芭比"。就这样，11英寸（约28 cm）高的芭比娃娃在美国诞生了。芭比娃娃的衣服都很时尚。很快，"芭比"就成了女孩子心目中最完美的偶像。

图 12-3　芭比娃娃

① 本单元创意拼装目标：跳舞娃娃（图 12-4）。

图 12-4　跳舞娃娃模型

② 准备材料

按照表12-1所示的配件清单准备拼装材料，做好搭建准备。

表 12-1 配件清单

品名	图示	数量	品名	图示	数量
模块 511G	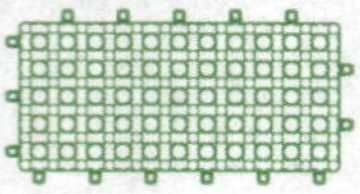	2 块	模块 15B		4 块
中齿轮		2 个	软护帽		10 个
模块 311B	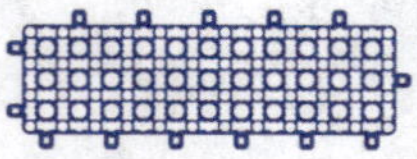	1 块	马达固定模块		2 块
马达	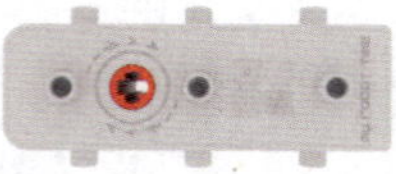	2 个	中轴		2 根
大齿轮	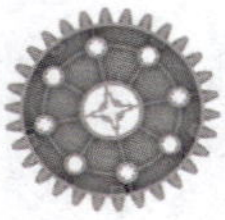	2 块	短轴		2 根
连接框架 11		2 块	模块 111R		1 块
A3 连接模块		2 块	小模块 35	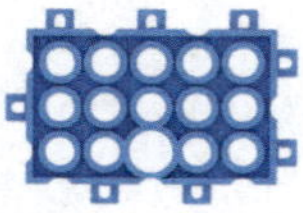	2 块
小模块 111		2 块	眼睛模块		2 块
红外线传感器		1 个	圆形模块		4 块
主板	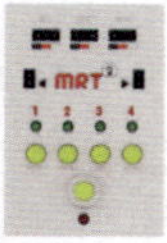	1 个	电池夹		1 个

③ 动手搭一搭（图12-5）

1
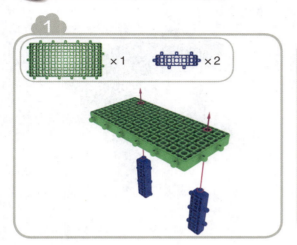

2
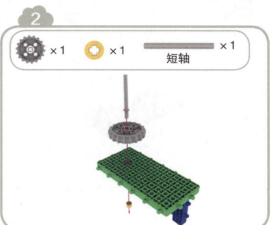

3

4
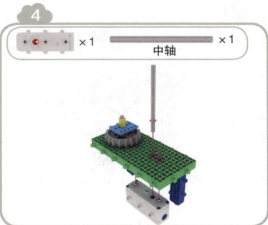

5

6
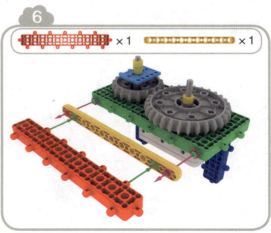

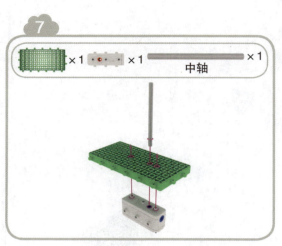
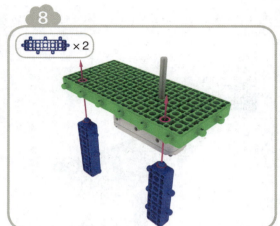
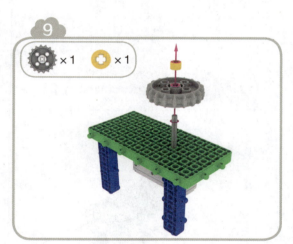
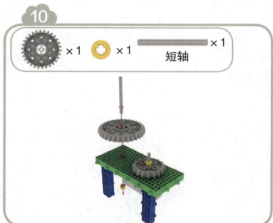

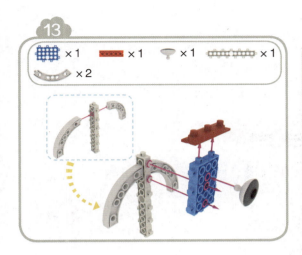
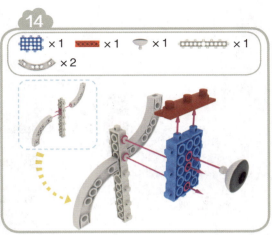

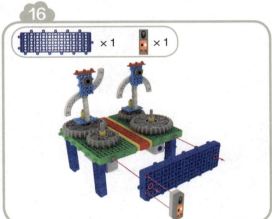
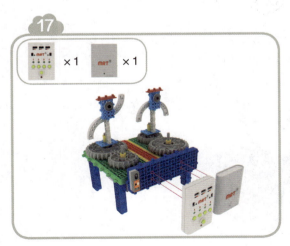

图 12-5 拼装步骤

④ 元器件连一连（图12-6）

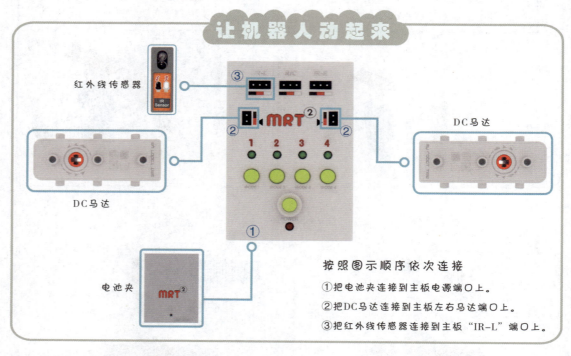

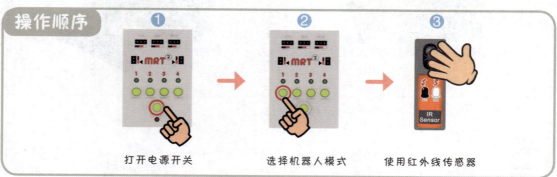

让娃娃跳起来

图12-6 操作说明

（1）和其他同学的跳舞的娃娃比赛一下，看谁的娃娃跳得快，谁的娃娃跳得慢。

（2）将跳舞娃娃中的左边的娃娃改造一下，在小齿轮旁边增加一个大齿轮，做成如图12-7所示的样式，同时将左边DC马达连接在刚刚增加的大齿轮上，看看旋转的速度有没有变化。

图12-7　增加大齿轮

（1）请将作品拍照、保存。
（2）请将电池夹关闭并拆下。
（3）请将电子元器件拆下。
（4）请将模型拆除。
（5）请将所有配件放回原位。
（6）对照配件清单清点配件。

my ROBOT TIME

AI机器人时代
机器人创新实验教程

1级

下册

丛书主编　钟艳如
丛书副主编　陈　洁
本册主编　肖海明　房济城

机械工业出版社
CHINA MACHINE PRESS

本书为《机器人创新实验教程 1级下册》，使用了模式主板。学生可以通过搭建模型并结合传感器，学习物理、数学知识，促进社会情感认知，提升逻辑思维能力等；通过身边生活的例子导入，认识天上飞的动物、地上跑的交通工具、水里游的鱼类及建筑工地上的工具等；通过动态化的模型和马达、齿轮的结合，引入遥控、传感器等原理，让学生了解生活中常见的物理现象，提高学生对生活的认知，激发学生的物理学习兴趣。

图书在版编目（CIP）数据

AI机器人时代：机器人创新实验教程.1级.下册/钟艳如主编；肖海明，房济城分册主编.—北京：机械工业出版社，2019.12（2021.1重印）

ISBN 978-7-111-64371-5

Ⅰ.①A… Ⅱ.①钟… ②肖… ③房… Ⅲ.①智能机器人–教材 Ⅳ.①TP242.6

中国版本图书馆CIP数据核字（2019）第281093号

机械工业出版社（北京市百万庄大街22号　邮政编码100037）
策划编辑：熊　铭　　责任编辑：熊　铭　石晓芬
责任校对：樊钟英　　封面设计：滕沛芳　黄　辉
责任印制：常天培
北京瑞禾彩色印刷有限公司印刷
2021年1月第1版第2次印刷
184mm×260mm・18.25印张・300千字
标准书号：ISBN 978-7-111-64371-5
定价：115.00元（共2册）

电话服务　　　　　　　　　网络服务
客服电话：010-88361066　机　工　官　网：www.cmpbook.com
　　　　　010-88379833　机　工　官　博：weibo.com/cmp1952
　　　　　010-68326294　金　书　网：www.golden-book.com
封底无防伪标均为盗版　机工教育服务网：www.cmpedu.com

编写人员

顾　　　问	朱光喜　李旭涛
丛 书 主 编	钟艳如
丛书副主编	陈　洁
本 册 主 编	肖海明　房济城
本册副主编	李振庭
本 册 参 编	陈　坤　陈　丽　邓彩梅　董朝旭　胡　杰
	黄　辉　贾　楠　邱　林　翁杰军　伍大智
	周　靓　周宇雄　邹玉婷

序

以饱满的热情、创新的姿态，昂首迈进人工智能时代

世界已从制造经济时代进入了资讯经济时代，生活亦将从"互联网+"时代开始向"人工智能+"时代迈进

近几十年来，我们周围的世界乃至全球的经济与生活无时无刻不在发生着巨大变革。推动经济和社会大步向前发展的已不仅仅是直白可视的工业制造和机器，更有人类的思维与资讯。我们的世界已从制造经济时代进入了资讯经济时代，生产方式正从"机械自动化"逐渐向"人工智能化"过渡，我们的生活亦将很快从当前的"互联网+"时代开始向"人工智能+"时代迈进，新知识和新技能显得尤为重要。

编程和人工智能在新经济和新生活时代的作用与地位

人工智能（Artificial Intelligence），英文缩写为AI。它是研究、开发用于模拟、延伸和扩展人的智能的理论、方法、技术及应用系统的一门新的技术科学。该领域的研究包括机器人、语言识别、图像识别、自然语言处理和专家系统等。百度无人驾驶汽车、谷歌机器人（Alpha Go）大战李世石等都是人工智能技术的体现。

近年来，我国已经针对人工智能制定了各类规划和行动方案，全力支持人工智能产业的发展。

显然，人工智能时代已经到来！

三 人工智能时代的 STEAM 教育

人工智能时代的STEAM教育，其核心之一是培养学生的计算思维，所谓计算思维就是"利用计算机科学中的基本概念来解决问题、设计系统以及了解人类行为。"计算思维是解决问题的新方法，能够改变学生的学习方式，帮助学生创建克服困难的思路。虽然计算思维的基础是计算机科学中的编程等，但它已被普遍地应用于所有学科，包括文学、经济学、数学、化学等。

通过学习编程与人工智能培养出来的计算思维，至少在以下3个方面能给学生带来极大益处。

（1）解决问题的能力。掌握了计算思维的学生能更好地知道如何克服突发困难，并且尽可能快速地给出解决方案。

（2）创造性思考的能力。掌握了计算思维的学生更善于研究、收集和了解最新的信息，然后运用新的信息来解决各种问题和实施各项方案。

（3）独立自信的精神。掌握了计算思维的学生能更好地适应团队工作，在独立面对挑战时表现得更为自信和淡定。

鉴于编程和人工智能在中小学STEAM教育中的重要性，全球很多国家和地区都有立法要求学校开设相关课程。2017年，我国国务院、教育部也先后公布《新一代人工智能发展规划》《中小学综合实践活动课程指导纲要》等文件，明确提出要在中小学阶段设置编程和人工智能相关课程，这将对我国教育体制改革具有深远影响。

四 机器人在开展编程与人工智能教育时的独特地位

机器人之所以会逐步成为STEAM教育和技术巧妙融合的最好载体并广受欢迎，是因为机器人相比其他教学载体，如无人机、3D打印机、激光切割机等，有着其自身的鲜明特点。

（1）以教育机器人作为STEAM教育的物理载体，能很好地兼顾教育的趣味性、多样性、延展性、创意性、安全性和政策性。

（2）机器人教育能够弥补学校教育中缺乏的对学生动手能力和操作能力的实训。

（3）机器人教育是跨多学科知识的综合教育，机器人具有明显的跨界、融合、协同等特征，融合了电子、计算机软硬件、传感器、自动控制、人工智能、机械设计、人机交互、网络通信、仿生学和材料学等多学科技术，有助于培养学生综合素质。

（4）机器人教育适合各年龄段的学生参与学习，幼儿园阶段、中小学阶段甚至大学阶段，都能在机器人教育阶梯中找到自己的位置。

五 《AI机器人时代 机器人创新实验教程》的重要性和稀缺性

《AI机器人时代 机器人创新实验教程》是依据STEAM教育"四位一体"教学理论和模式编写的，本系列课程共分1~4级，每级分上、下两册。

每级课程分别是基于不同年龄段的学生特点进行开发设计的。课程各单元开篇采用故事、游戏、问答以及图片或视频的形式引出主题，并提供主题背景知识，加深学生印象；课程按1~4级，从结构搭建、原理讲解到简单编程、复杂编程，从具体思维到抽象思维，从简单到复杂，从低级到高级，进行讲解；所涉及的学科内容涵盖了计算机、电子、结构、力学、数学、设计、社会学、人文学甚至历史等。通过本系列课程的学习，可以激发学生对科学探究的兴趣，通过机器人拼装、运行等帮助学生更好地学习到物理、编程和人工智能等相关知识与技能，提升对学生计算思维、创新能力和空间想象力的培养，并更好地理解人与自然、人与人、人与时间的联系等。

此外，本系列课程的编写顾问和编写成员阵容强大，除了韩端国际教育科技（深圳）有限公司（后简称：韩端国际）具有丰富经验、颇深专业素养的课程开发团队外，还诚邀中国教育技术协会副会长、中国教育技术协会技术标准委员会秘书长钟晓流教授，清华大学电子工程系博士生导师、国家自然科学基金资助项目会议评审专家杨健教授，汕头大学电子工程系李旭涛教授，以及多位曾任或现任教育主管部门负责人、教育考试院专家、知名中小学校校长、STEAM教育科研组资深老师等加入，保证了本系列课程的专业性、广泛性、实用性以及权威性。

我是在工作中了解到韩端国际的。这是一家十多年来专注于教育机器人领域的国家级高新技术企业，它长期致力于向广大学校、教培机构、学生和家长，提供"机器人+编程+人工智能+课程"的产品和服务，用户已经覆盖包括中国在内的全球近50个国家和地区，可以称得上是全球领先的科技教育品牌；它的教育机器人品牌是MRT（全称：MY ROBOT TIME）。从认识开始，我就对一个企业能十年如一日地专注于一个领域深耕，尤其是在投入长、要求高、回报慢的教育行业，是颇有好感，也是很钦佩的！2017年，韩端国际人又适时提出了"矢志打造人工智能时代行业基石"的口号，我个人对此是非常认同的。他们是真正在践行"编程和人工智能教育，从娃娃抓起"的理念，这是时代的呼唤，也是用户的诉求，既有对未来行业发展方向正确的认知，也有对行业发展责任勇敢的承担。

　　最后，我想说，不管你是否准备好，人工智能时代确实已经到来，那就让我们和我们的下一代，以饱满的热情、创新的姿态，昂首迈进人工智能时代吧！

　　此序。

朱光喜

2019年3月31日

写于华中科技大学

创意拼装模型

开始闯关

第1单元　幸运大转盘

第2单元　旋转飞机

第3单元　秋　千

第4单元　海盗船

第5单元　碰碰车

第6单元　挖掘机

本册闯关地图

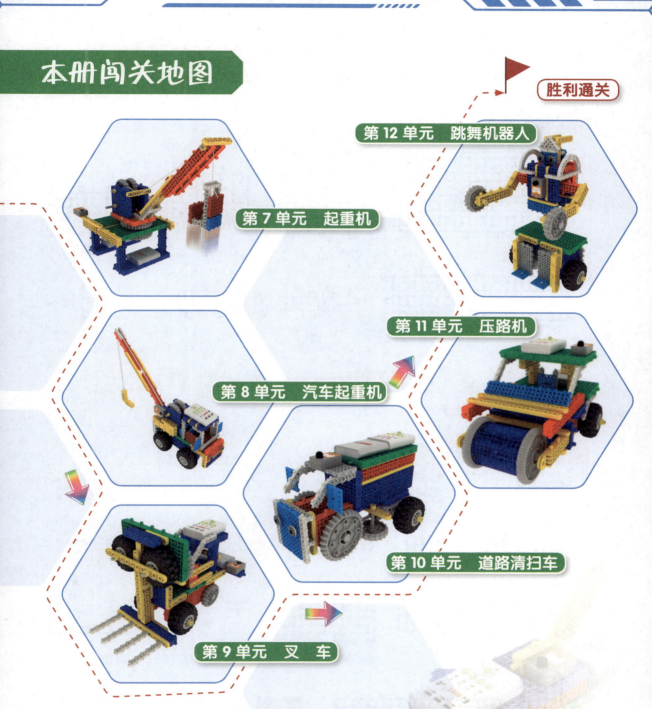

胜利通关

第 12 单元　跳舞机器人

第 7 单元　起重机

第 11 单元　压路机

第 8 单元　汽车起重机

第 10 单元　道路清扫车

第 9 单元　叉　车

教学"工具包"配件清单

大模块

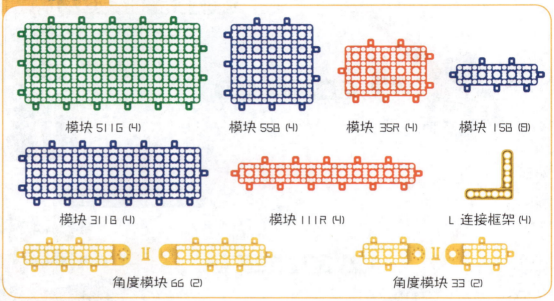

小模块

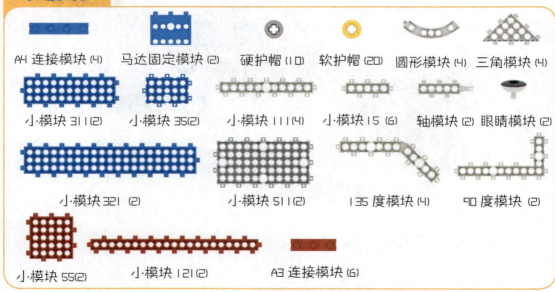

注：1.清单中"模块511G（2）"指的是竖直方向有5个圆孔、水平方向有11个圆孔的绿色模块，数量为2块，下同。其中"G"指绿色，"B"指蓝色，"R"指红色。
2.在产品质量改进过程中，一些部件的外观和颜色有可能与实物有所不同。
3.角度模块有凸点和凹点的区别。角度模块66和角度模块33可单个拆开搭配使用，形成角度模块36。

轴／框架／轮／帽

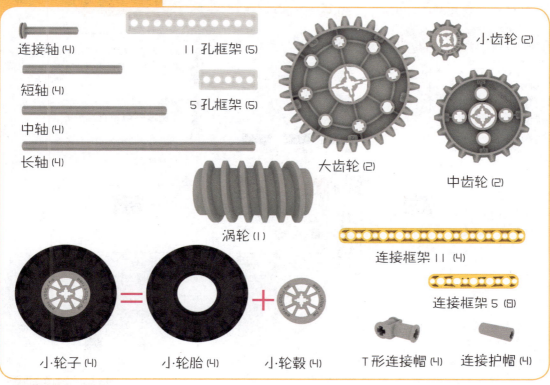

电子组件

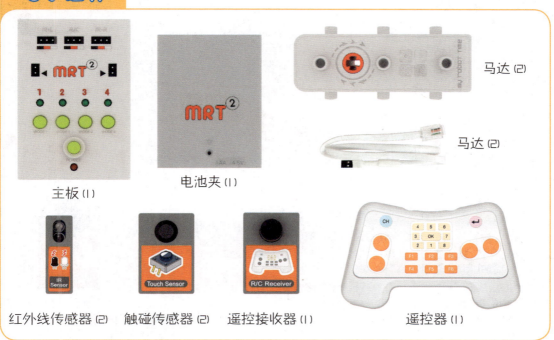

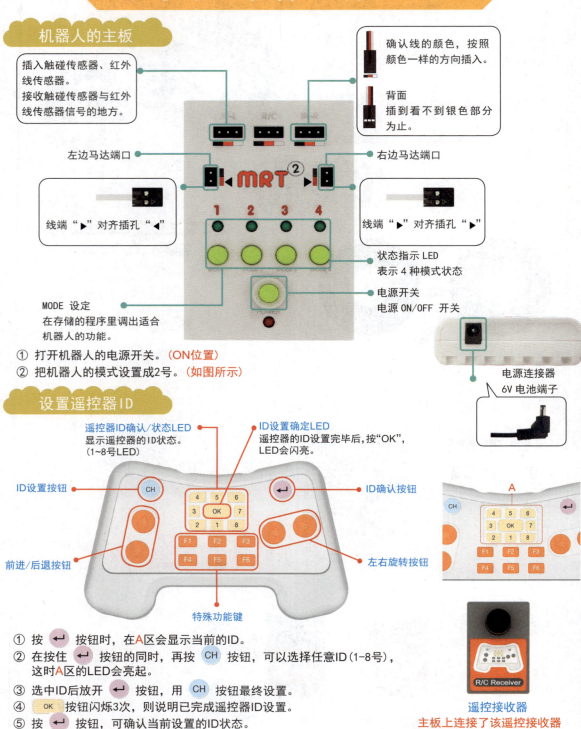

目 录

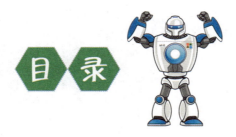

序		IV
创意拼装模型——本册闯关地图		VIII
教学"工具包"配件清单		X
主板和遥控器的使用说明		XII
第1单元	幸运大转盘	1
第2单元	旋转飞机	9
第3单元	秋 千	20
第4单元	海盗船	31
第5单元	碰碰车	43
第6单元	挖掘机	53
第7单元	起重机	63
第8单元	汽车起重机	75
第9单元	叉 车	88
第10单元	道路清扫车	100
第11单元	压路机	111
第12单元	跳舞机器人	124

《实训评价手册》（另附）

第1单元 幸运大转盘

 学习目标

◎ 了解幸运大转盘的运作原理。
◎ 了解幸运大转盘的中奖概率。
◎ 能够搭建幸运大转盘模型。
◎ 尝试使用不同颜色制作转盘。

大开眼界

在日常生活中，我们经常可以看到使用转盘作为抽奖工具（图1-1）。幸运转盘是在一个圆盘上画出不同大小的扇形，在扇形中写上奖品级别或名称，并有一根指针指着转盘某一位置的装置。用力将转盘旋转起来，当转盘停下来后，指针指着的那个扇形里的奖品即是玩家的奖品。

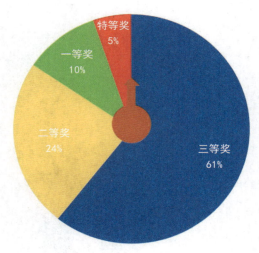

图1-1 幸运大转盘

动手实现

❶ 本单元创意拼装目标：幸运大转盘（图1-2）。

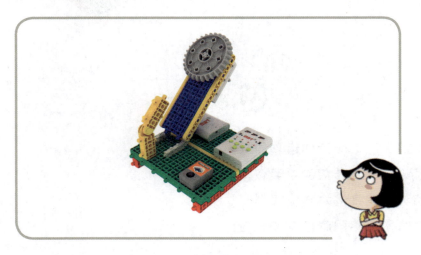

图1-2 幸运大转盘模型

❷ 准备材料

按照表 1-1 所示的配件清单准备拼装材料，做好搭建准备。

表 1-1　配件清单

品名	图示	数量	品名	图示	数量
模块 511G	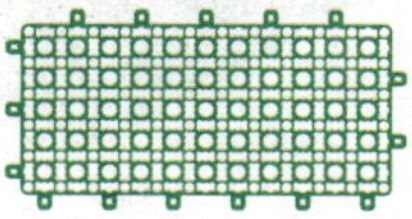	2 块	连接框架 11		3 块
模块 111R		2 块	模块 311B	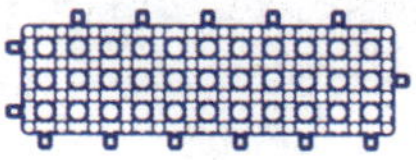	1 块
马达	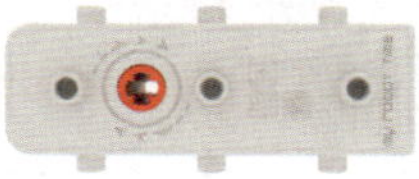	1 个	大齿轮		1 个
中轴		1 根	软护帽		1 个
硬护帽		1 个	135 度模块	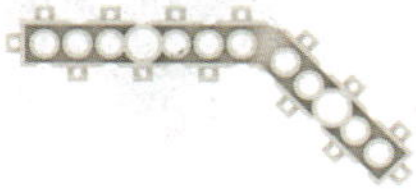	2 块
角度模块 33		1 套	触碰传感器		1 个
主板	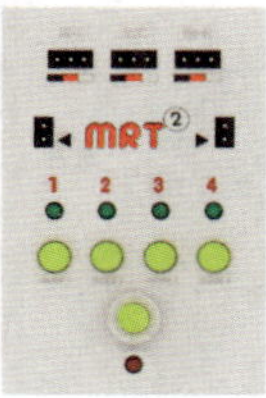	1 个	电池夹	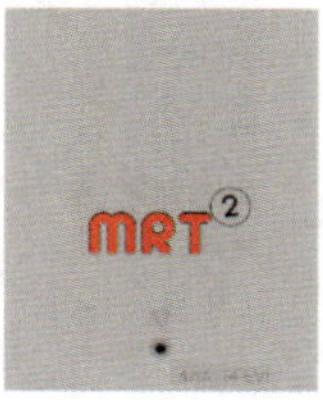	1 个

3 动手搭一搭（图1-3）

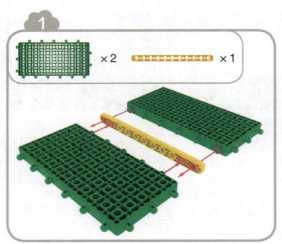

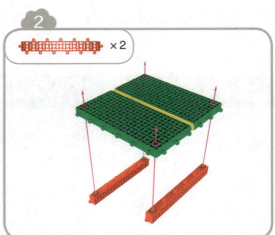

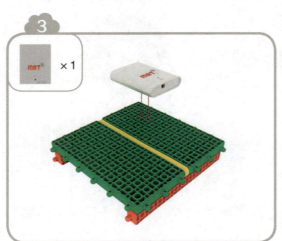

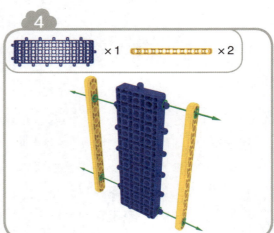

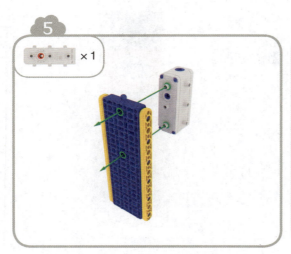

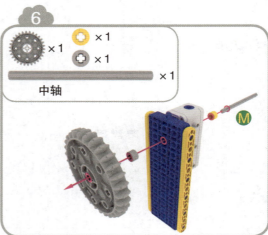

中轴

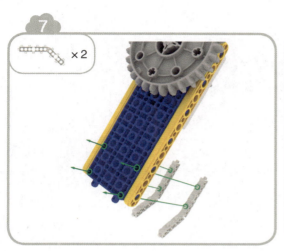
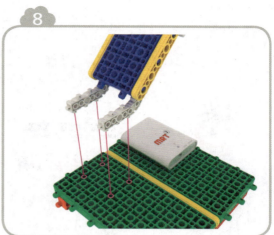
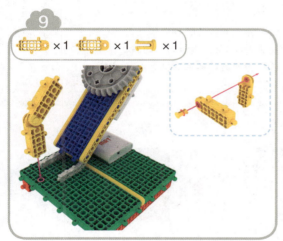

图 1-3　拼装步骤

④ 元器件连一连（图1-4）

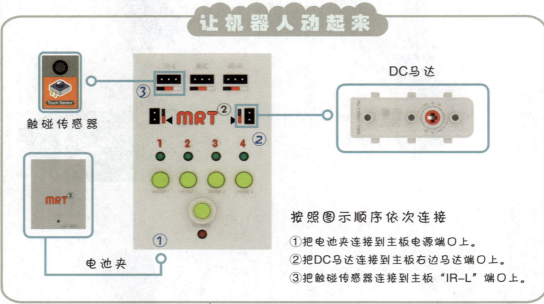

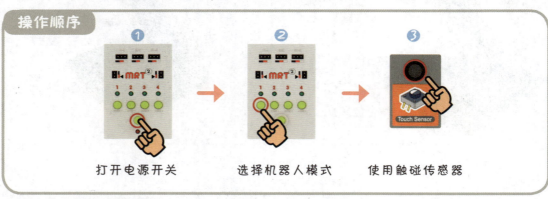

图1-4　操作说明

5 制作转盘并安装

1）准备一张圆形卡纸和一张长方形卡纸。

2）在圆形卡纸上画出不同大小的扇面。

3）在各个扇面中画出或写出奖品内容。

4）将圆形卡纸固定于转盘上，如图 1-5 所示。

5）使用长方形卡纸制作一个指针。

6）将指针固定到指针架上，如图 1-6 所示。

 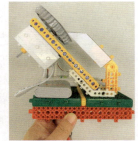

图 1-5　将圆形卡纸固定于转盘上　　图 1-6　将指针固定到指针架上

观察记录

（1）和同学一起玩 60 次转盘，把每次转盘获得的奖项分别填写在表 1-2 中。

表 1-2　转盘获奖记录

次数	获得奖项	次数	获得奖项	次数	获得奖项	次数	获得奖项
第 1 次		第 16 次		第 31 次		第 46 次	
第 2 次		第 17 次		第 32 次		第 47 次	
第 3 次		第 18 次		第 33 次		第 48 次	
第 4 次		第 19 次		第 34 次		第 49 次	
第 5 次		第 20 次		第 35 次		第 50 次	
第 6 次		第 21 次		第 36 次		第 51 次	
第 7 次		第 22 次		第 37 次		第 52 次	
第 8 次		第 23 次		第 38 次		第 53 次	
第 9 次		第 24 次		第 39 次		第 54 次	
第 10 次		第 25 次		第 40 次		第 55 次	
第 11 次		第 26 次		第 41 次		第 56 次	
第 12 次		第 27 次		第 42 次		第 57 次	
第 13 次		第 28 次		第 43 次		第 58 次	
第 14 次		第 29 次		第 44 次		第 59 次	
第 15 次		第 30 次		第 45 次		第 60 次	

（2）哪个奖项出现的次数比较多？哪个比较少？

（3）为什么有的奖项出现次数比较多？有的比较少？

（4）去游乐园时，观察转盘游戏获奖情况是怎样的？

发挥创意

（1）将圆形卡纸均匀七等分，涂上红、橙、黄、绿、蓝、靛、紫等颜色（图1-7）。用力转转盘，使转盘快速转起来，看看呈现什么效果吧！

（2）尝试使用其他颜色搭配，看看旋转的效果有什么变化。

图1-7 彩虹转盘

结束整理

（1）请将作品拍照、保存。

（2）请将电池夹关闭并拆下。

（3）请将电子元器件拆下。

（4）请将模型拆除。

（5）请将所有配件放回原位。

（6）对照配件清单清点配件。

第 2 单元　旋转飞机

 学习目标

◎ 了解两个齿轮传动的规律。

◎ 了解各种旋转玩具。

◎ 熟知旋转玩具的安全注意事项。

◎ 能够搭建旋转飞机模型。

大开眼界

① 旋转飞机

在游乐园里，我们可以见到各种各样的旋转玩具，如旋转秋千（图2-1）、旋转木马（图2-2）、旋转飞机、旋转茶杯等。有些旋转玩具如旋转木马、旋转飞机，运转时一边旋转一边上下升降；有些旋转玩具如旋转茶杯，运转时一边茶杯绕大圈转，一边茶杯还能自转，还有的会向不同的方向倾斜。

图2-1　旋转秋千

图2-2　旋转木马

② 搭乘游乐设施的安全事项

按要求，坐坐好；
安全带，系紧了；
有扶手，要扶牢；
头和手，不乱招；
有问题，把人叫；
停下来，不能跳。

③ 齿轮转动（图2-3）

（1）当小齿轮带动大齿轮时，大齿轮转圈大，但转速慢。

（2）当大齿轮带动小齿轮时，小齿轮转圈小，但转速快。

（3）只有两个齿轮相互啮合时，两个齿轮运转的方向相反。

图 2-3　齿轮转动

动手实现

① 本单元创意拼装目标：旋转飞机（图 2-4）。

图 2-4　旋转飞机模型

② 准备材料

按照表 2-1 所示的配件清单准备拼装材料，做好搭建准备。

表 2-1 配件清单

品名	图示	数量	品名	图示	数量
模块 511G	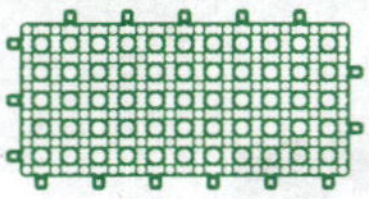	2 块	小模块 111		2 块
中齿轮		2 个	A4 连接模块		4 块
软护帽		5 个	L 连接框架	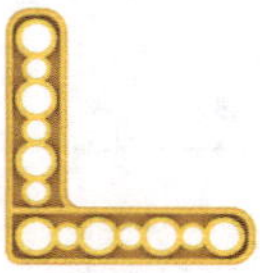	2 块
小齿轮		2 个	三角模块	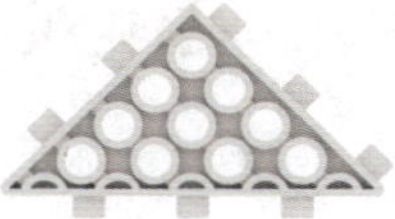	4 块
模块 311B	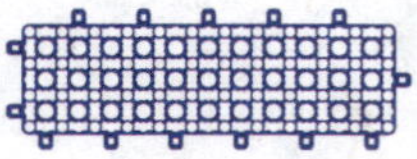	2 块	135 度模块	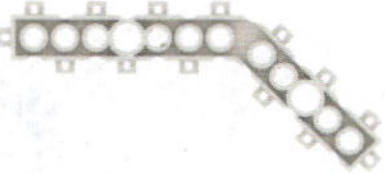	3 块
中轴		1 根	角度模块 36	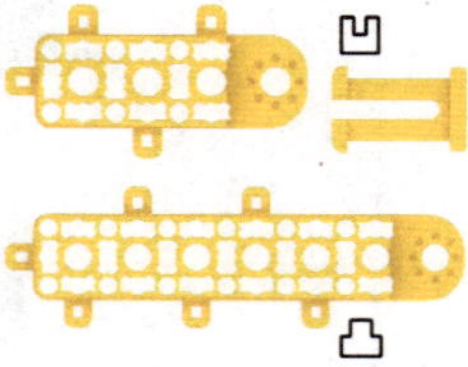	4 套
大齿轮	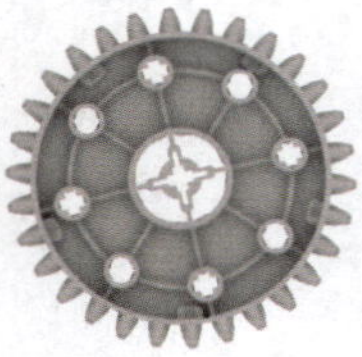	1 个	连接框架 11		4 块

(续)

品名	图示	数量	品名	图示	数量
长轴		1根	小模块15	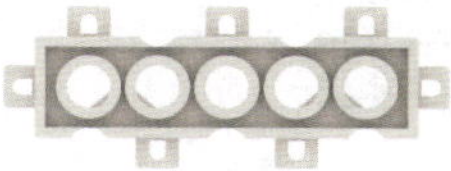	1块
短轴		1根	轴模块	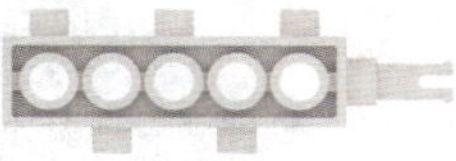	1块
模块111R		2块	模块15B		4块
马达	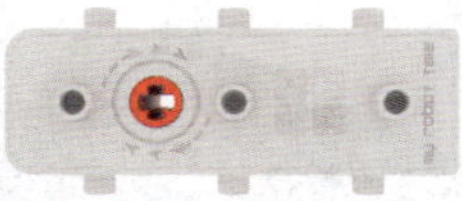	1个	90度模块	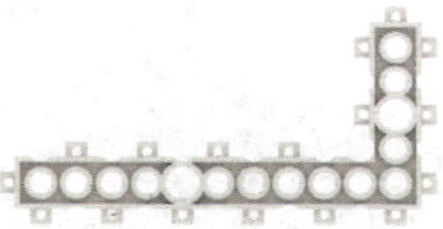	1块
模块35R	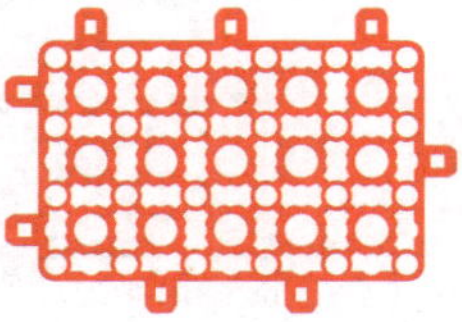	2块	连接框架5		2块
主板	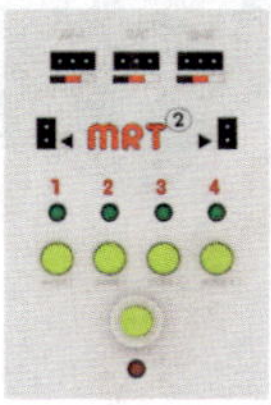	1个	电池夹	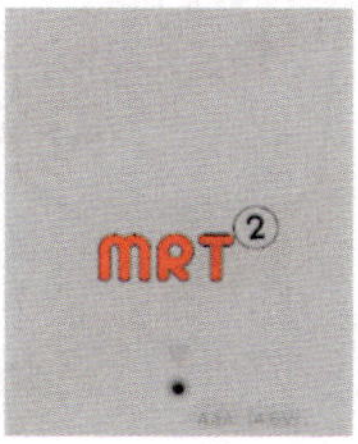	1个

13

3 动手搭一搭（图2-5）

1

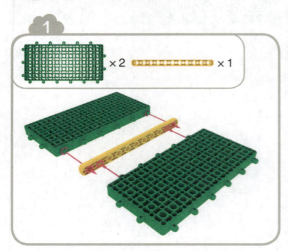

2 长轴

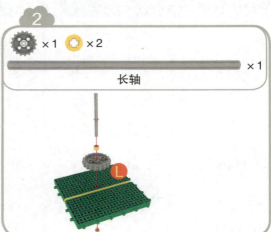

3 短轴

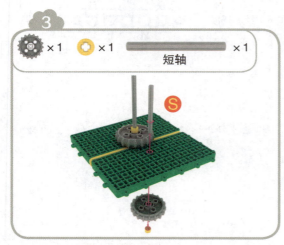

4

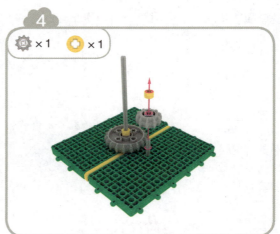

5

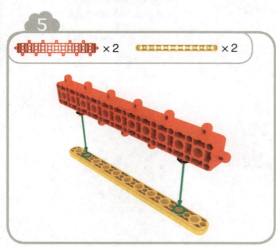

6

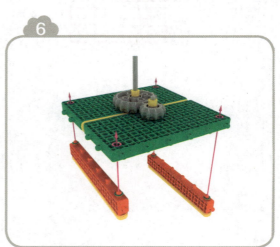

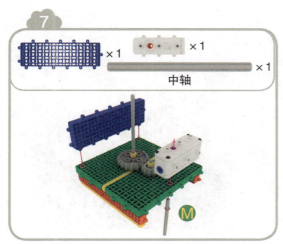

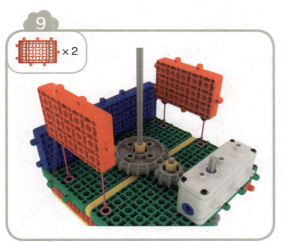
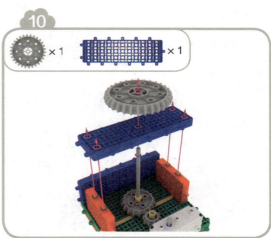
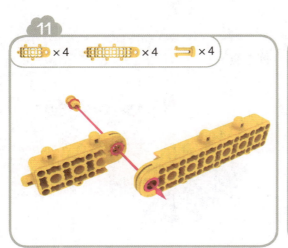

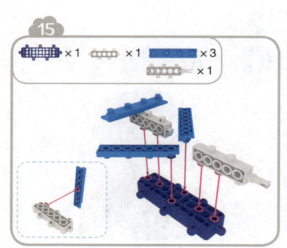
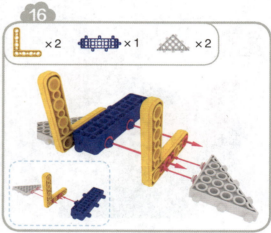

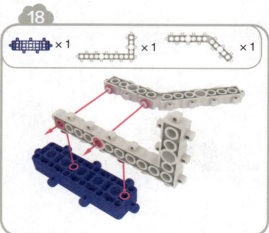

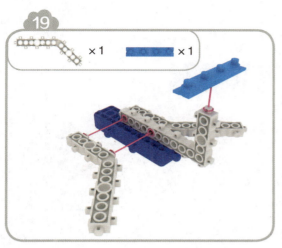
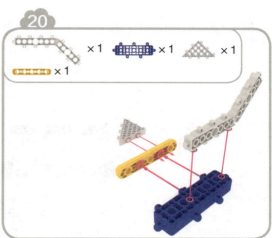
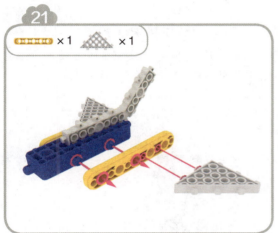

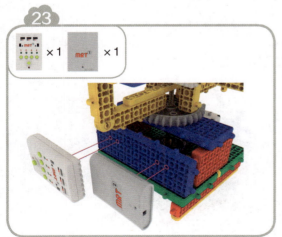

图 2-5 拼装步骤

④ 元器件连一连（图2-6）

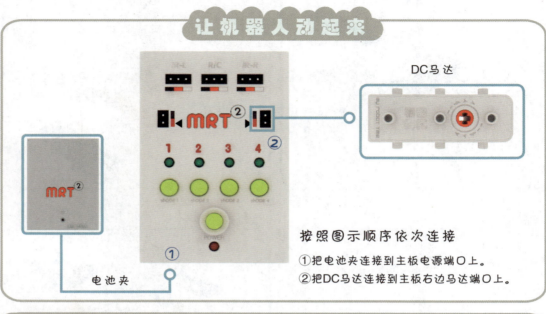

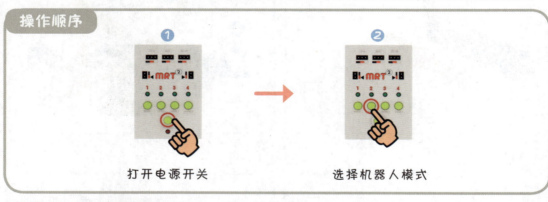

图 2-6　操作说明

（1）旋转飞机中一共用了几个齿轮？

（2）这几个齿轮各自发挥什么作用？

（1）你能尝试结合其他材料搭建出一个旋转木马吗？

（2）你能尝试结合其他材料搭建出一个下悬式旋转飞机吗？

（1）请将作品拍照、保存。

（2）请将电池夹关闭并拆下。

（3）请将电子元器件拆下。

（4）请将模型拆除。

（5）请将所有配件放回原位。

（6）对照配件清单清点配件。

第 3 单元

 学习目标

◎ 认识秋千,了解秋千起源及运行原理。
◎ 了解生活中需要注意的安全知识。
◎ 能够跨学科融合去认识事物。
◎ 能够搭建秋千模型。

数学课上我们学过如何数数，下面我们一起来数一数图 3-1 所示的游乐场里面总共有几位小朋友。另外，说出游乐场中哪些东西的数量为 1。

图 3-1　游乐场

秋千，就是两根绳子系着一块蹬板，人坐在蹬板上来回摇动的娱乐工具。我们经常会在公园里面见到，你玩过吗？

秋千是怎么来的呢？古人类以摘果子为生时，常常需要爬树，有时候为了方便就会像猴子一样利用树枝从一棵树上荡到另一棵树上，有人认为这样便产生了荡秋千。

同学们要注意，荡秋千（图 3-2）一定要在大人的陪同下才能玩耍，而且不能荡得太高。另外，在排队等待或看其他小朋友荡秋千时，一定不要站在秋千的前后方位置，以免被秋千碰到。

图 3-2 荡秋千

动手实现

1 本单元创意拼装目标：秋千（图 3-3）。

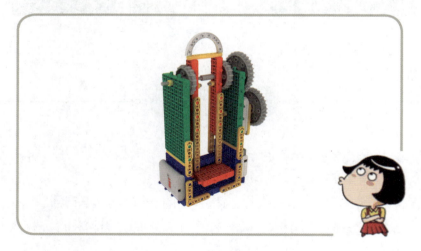

图 3-3 秋千模型

2 准备材料

按照表 3-1 所示的配件清单准备拼装材料，做好搭建准备。

表 3-1　配件清单

品名	图示	数量	品名	图示	数量
模块 511G	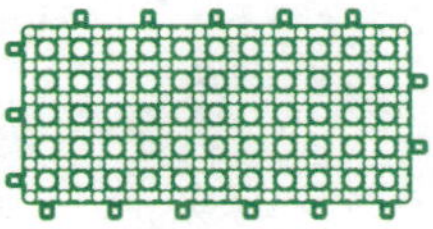	2 块	连接护帽		1 个
连接框架 5		8 块	模块 311B	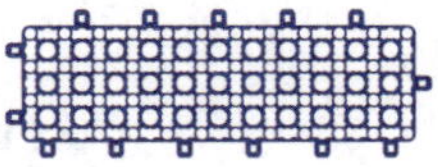	2 块
中轴		3 根	模块 35R	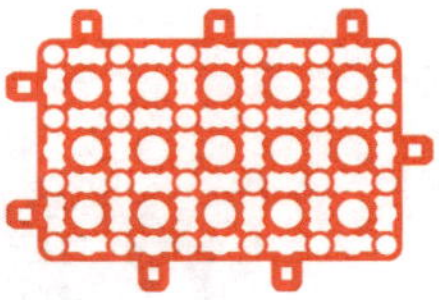	1 块
软护帽		8 个	L 连接框架	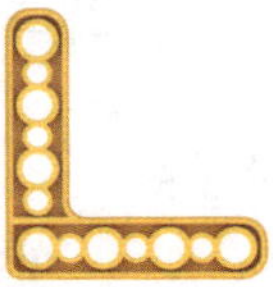	2 块
连接轴		4 个	中齿轮		2 个
连接框架 11		4 块	模块 55B	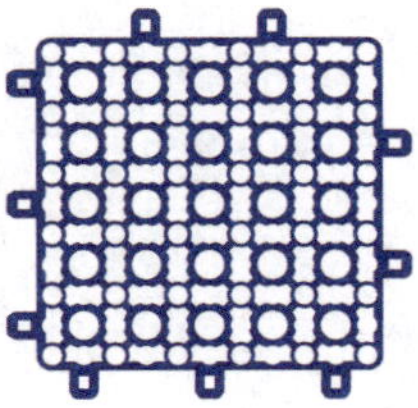	2 块

（续）

品名	图示	数量	品名	图示	数量
马达	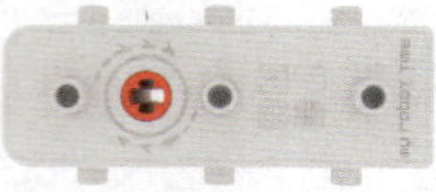	1个	圆形模块		2块
硬护帽		2个	模块15B		2块
大齿轮	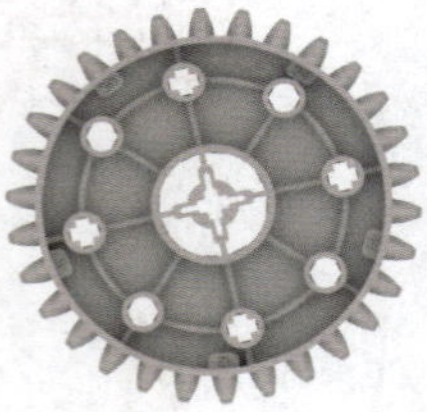	2个	模块111R		2块
红外线传感器		1个	主板	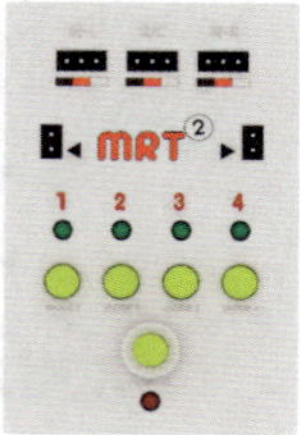	1个
电池夹	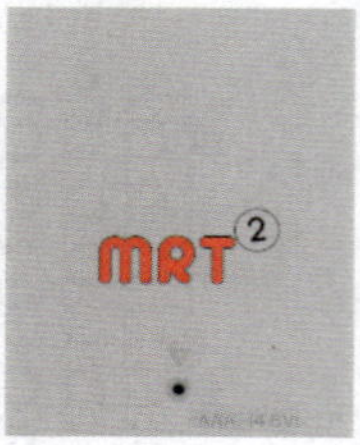	1个			

3 动手搭一搭（图 3-4）

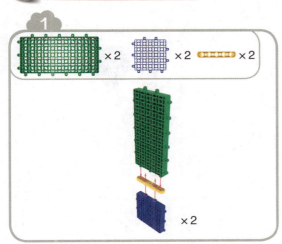

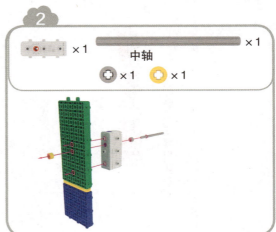

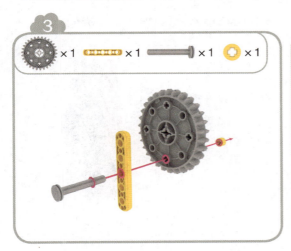

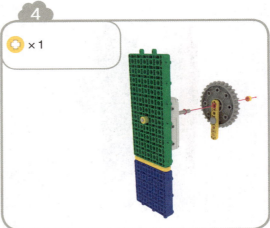

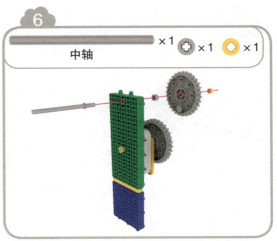

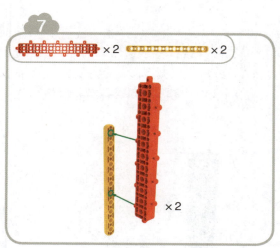
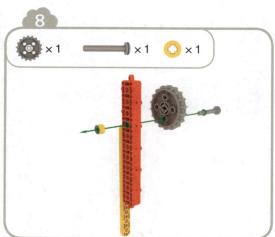
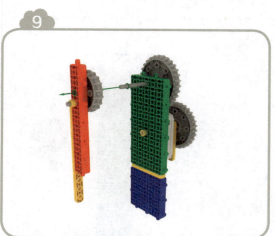
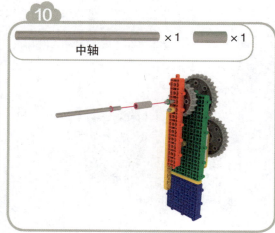
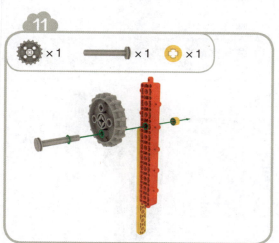
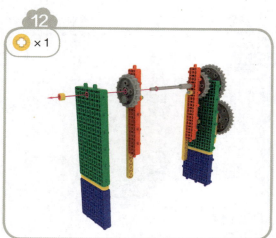

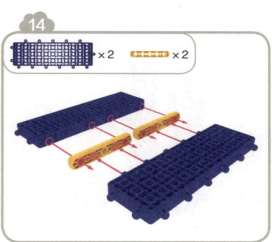
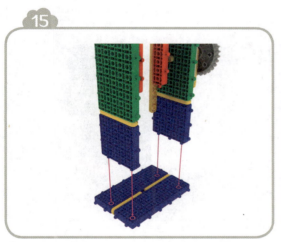
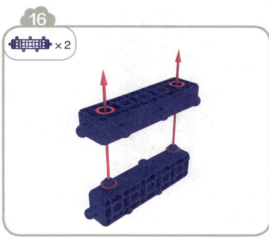
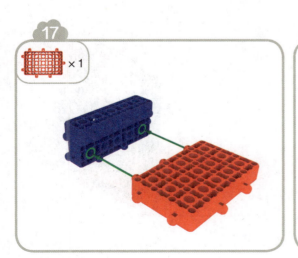
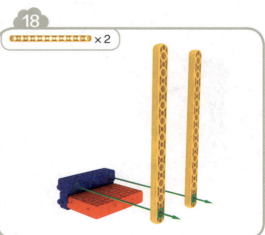

27

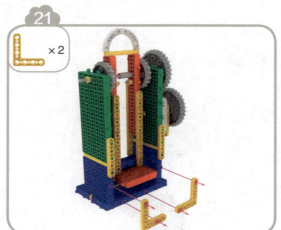
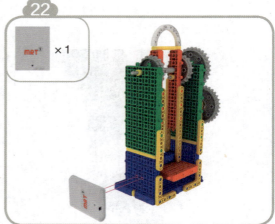
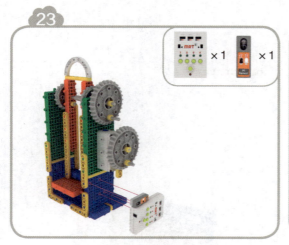

图 3-4　拼装步骤

④ **元器件连一连(图3-5)**

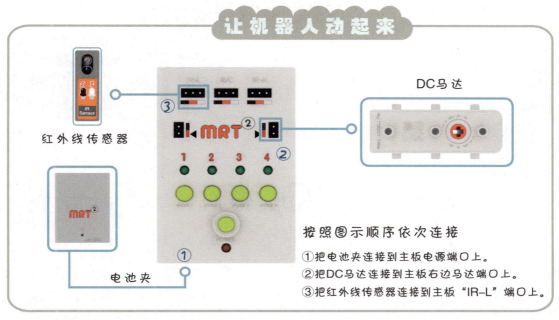

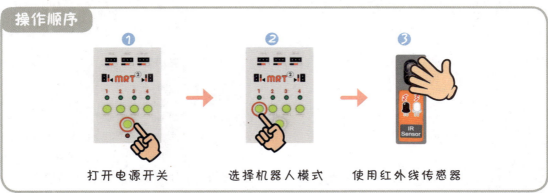

图3-5 操作说明

（1）试一试，在我们拼装完成的秋千上放一个小物品，然后把秋千摇荡起来，小物品会不会有什么"危险"？为了小物品的"安全"，我们应该如何调整？

（2）尝试改一改秋千的立柱，让我们的秋千更稳固。

（1）请将作品拍照、保存。
（2）请将电池夹关闭并拆下。
（3）请将电子元器件拆下。
（4）请将模型拆除。
（5）请将所有配件放回原位。
（6）对照配件清单清点配件。

•第4单元•

 学习目标

◎ 了解海盗船的工作原理。
◎ 能够将秋千和海盗船的运行原理联系起来。
◎ 能够搭建海盗船模型。

观察图 4-1 中左边和右边的各四幅图片，想一想两边的哪两个运动形式相似，请在图中连一连。

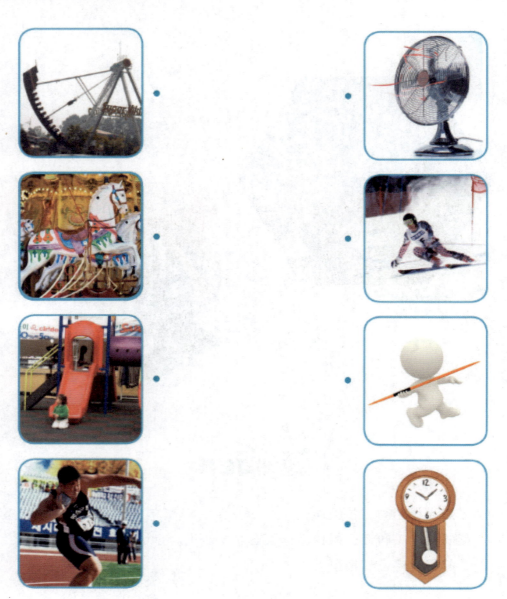

图 4-1　连一连

大开眼界

海盗船（图4-2）是游乐场里一种常见的游乐设施，因其外形仿照古代海盗船外形设计而得名。海盗船的运动形式与我们前面认识的秋千相似，是在水平轴上做往复摆动运动。需要注意的是，海盗船游乐项目惊险刺激，乘坐时需要特别注意安全。

图4-2 海盗船

动手实现

① **本单元创意拼装目标：海盗船（图4-3）。**

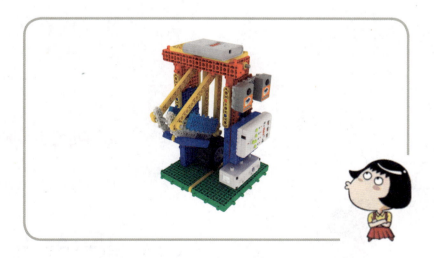

图4-3 海盗船模型

② 准备材料

按照表 4-1 所示的配件清单准备拼装材料，做好搭建准备。

表 4-1　配件清单

品名	图示	数量	品名	图示	数量
模块 311B	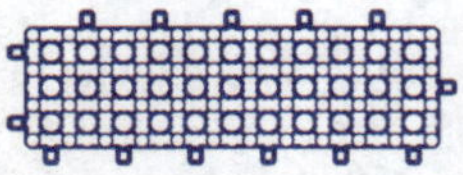	2 块	A3 连接模块		2 块
长轴		2 根	小模块 15	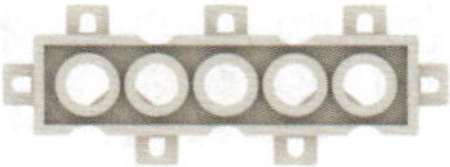	4 块
模块 35R	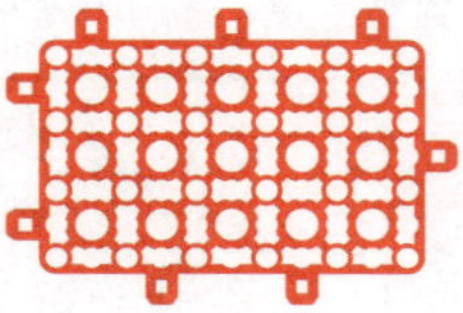	2 块	连接框架 11		4 块
小模块 511	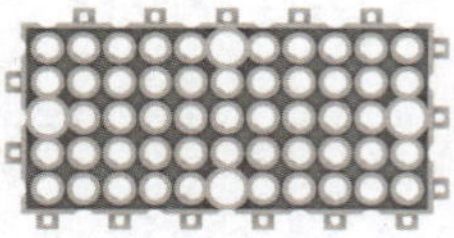	2 块	软护帽		5 个
模块 511G	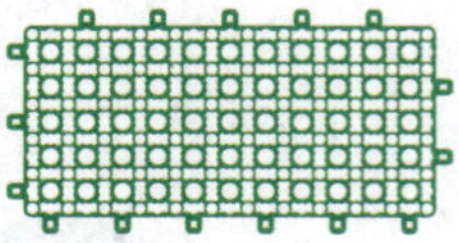	2 块	模块 111R		2 块
触碰传感器	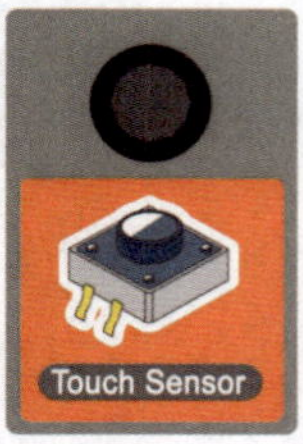	2 个	模块 15B	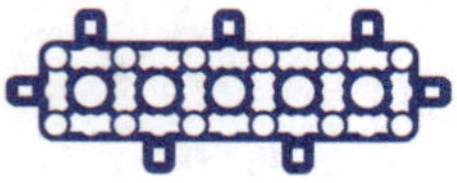	3 块

（续）

品名	图示	数量	品名	图示	数量
马达		1个	135度模块	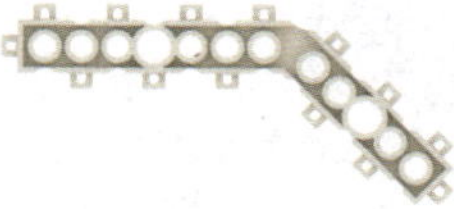	4块
小模块121		2块	小模块311	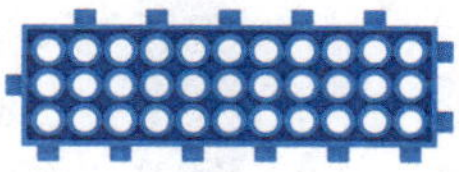	2块
模块55B	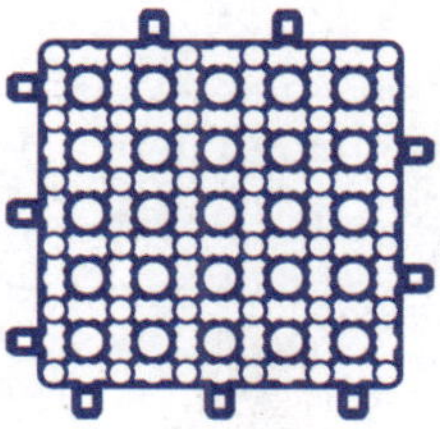	2块	连接轴		1个
连接框架5	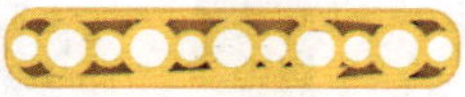	7块	短轴		1根
小轮子		1个	L连接框架	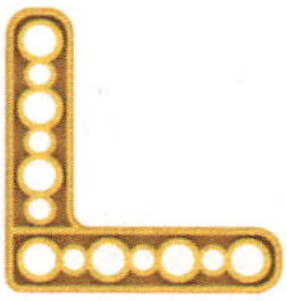	2块
主板	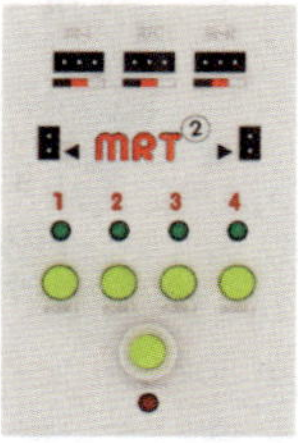	1个	电池夹	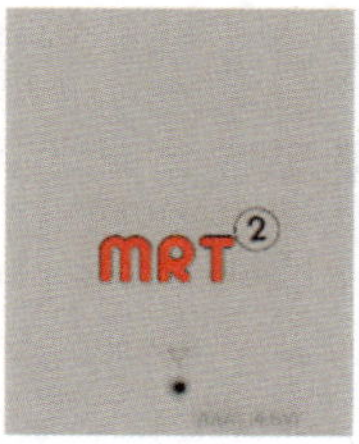	1个

35

③ 动手搭一搭（图 4-4）

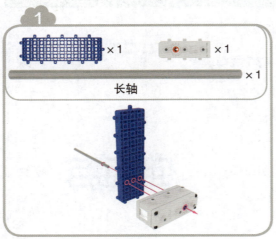

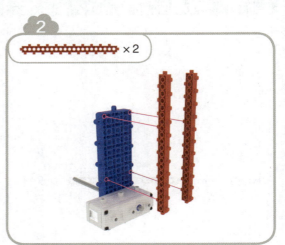

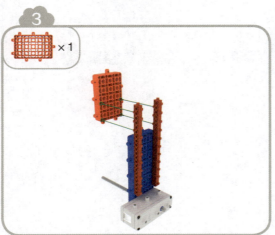

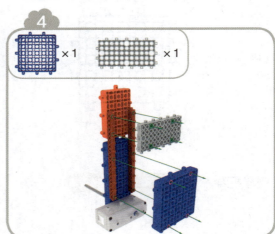

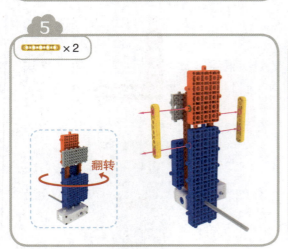

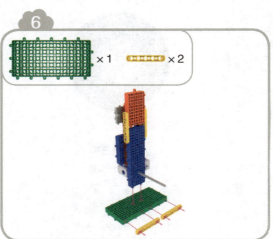

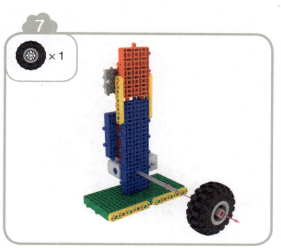

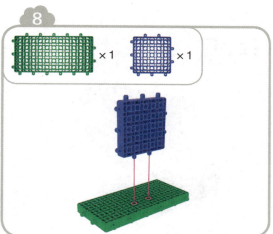

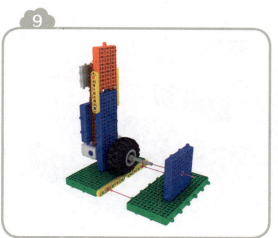

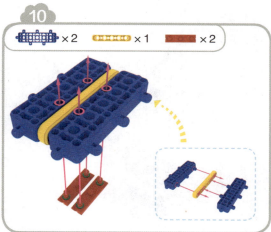

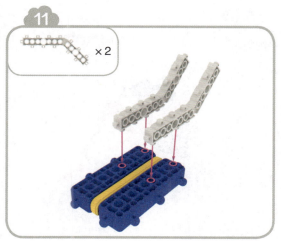

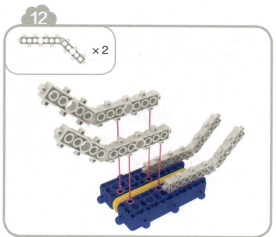

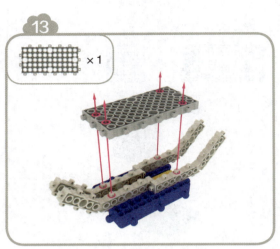
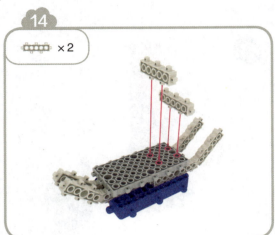
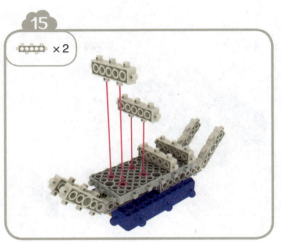
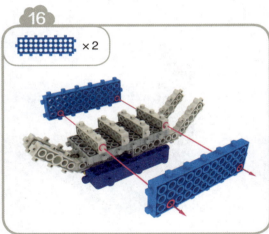
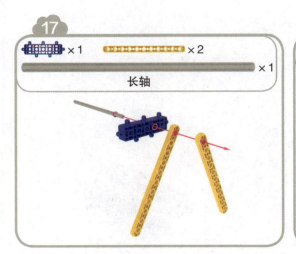
长轴

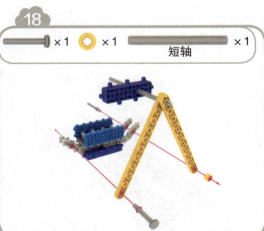
短轴

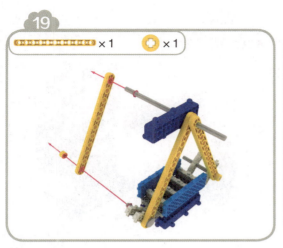
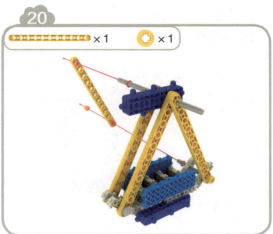

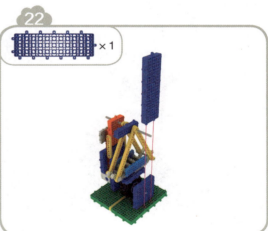

图 4-4 拼装步骤

④ 元器件连一连(图4-5)

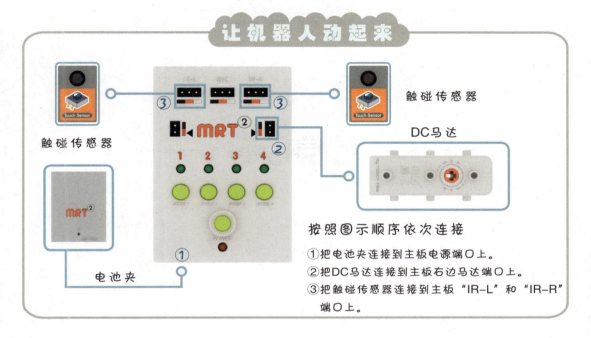

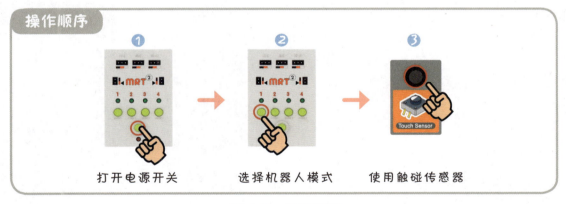

图4-5 操作说明

（1）想一想，在拼装完成的海盗船上，轮子起到的作用是什么？
（2）你坐过海盗船游乐项目吗？跟同学们分享下你乘坐的经历。

联系秋千的运行原理,试一试将拼装完成的海盗船的触碰传感器改成红外线传感器,看海盗船会不会动起来?

(1)请将作品拍照、保存。
(2)请将电池夹关闭并拆下。
(3)请将电子元器件拆下。
(4)请将模型拆除。
(5)请将所有配件放回原位。
(6)对照配件清单清点配件。

第 5 单元 碰碰车

 学习目标

◎ 学会创建更复杂的造型。
◎ 掌握主板中触碰模式的设置。
◎ 能够搭建碰碰车模型。

大开眼界

碰碰车（图5-1）在发明之初，并不是用于娱乐，而是用于汽车保险杠实验。让驾驶者在指定场地内完成绕圈，途中可以横冲直撞，可以把对手的车碰开。现在一般是作为游乐场设施供游客玩耍。碰碰车的车速一般很低，而且车身周围有橡胶裙围，撞击时不会对人和车造成损害。乘坐碰碰车时，为了防止撞击时被抛出车外，乘坐者需全程系好安全带，行车途中不得站立，车辆停稳后才能下车。

图5-1 碰碰车

动手实现

① 本单元创意拼装目标：碰碰车（图5-2）。

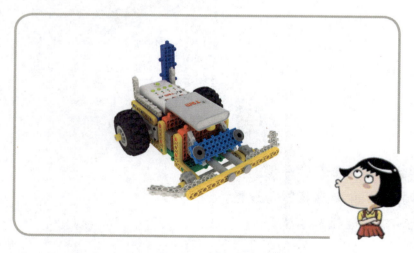

图5-2 碰碰车模型

② 准备材料

按照表 5-1 所示的配件清单准备拼装材料,做好搭建准备。

表 5-1　配件清单

品名	图示	数量	品名	图示	数量
马达		2 个	小模块 311	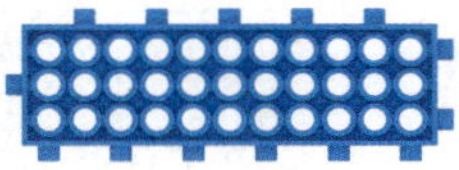	1 块
硬护帽		8 个	小齿轮		2 个
模块 55B	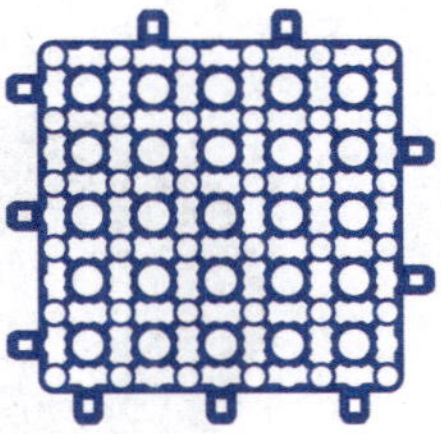	1 块	长轴		1 根
模块 35R	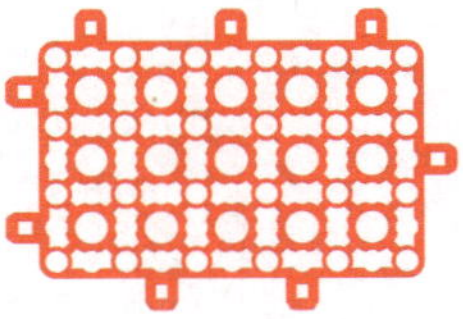	2 块	135 度模块	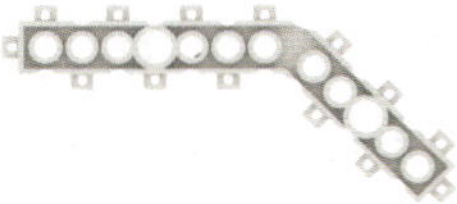	2 块
L 连接框架		4 块	模块 15B		1 块
连接护帽		2 个	三角模块	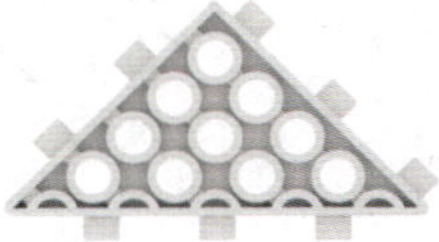	2 块

（续）

品名	图示	数量	品名	图示	数量
中轴		2 根	眼睛模块		2 块
模块 511G	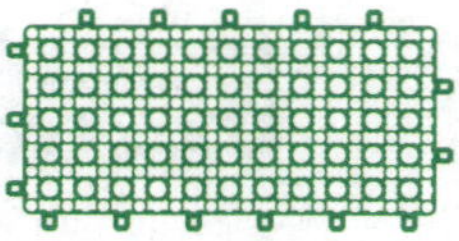	1 块	软护帽		4 个
连接框架 5	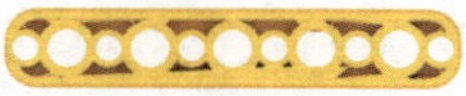	3 块	连接框架 11		1 块
触碰传感器		2 个	小轮子		2 个
连接轴		4 个	90 度模块	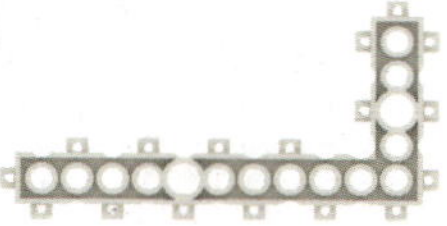	2 块
主板	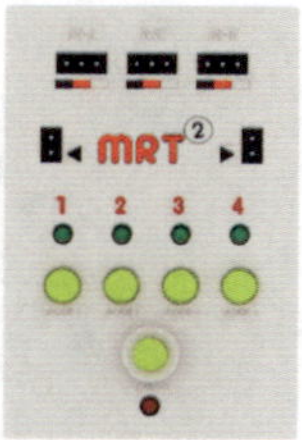	1 个	电池夹	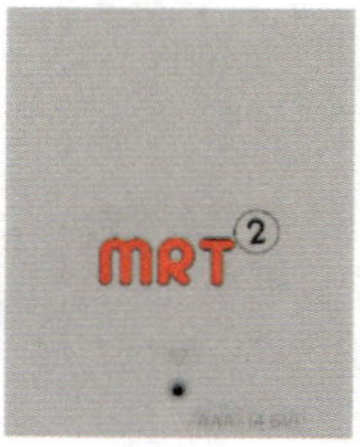	1 个

③ 动手搭一搭（图 5-3）

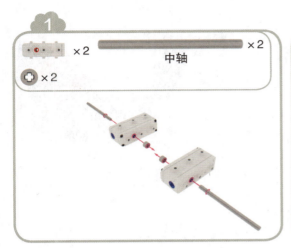

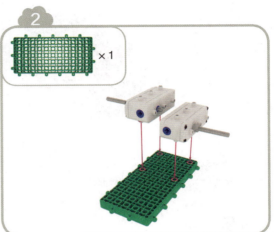

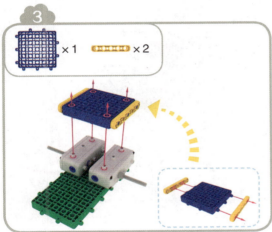

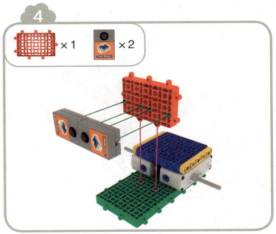

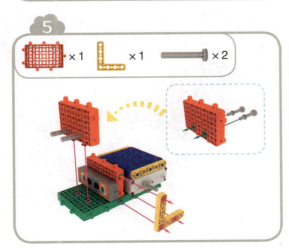

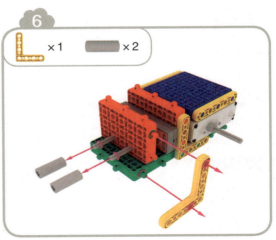

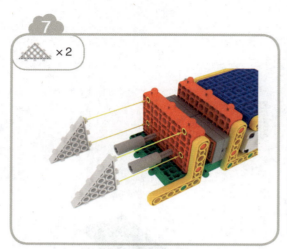
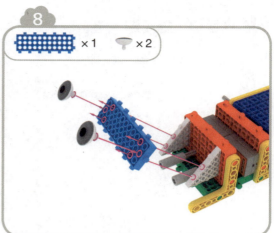
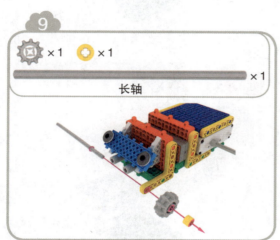

长轴

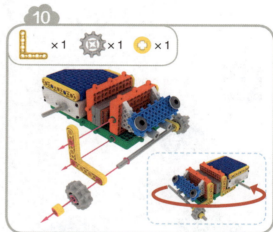
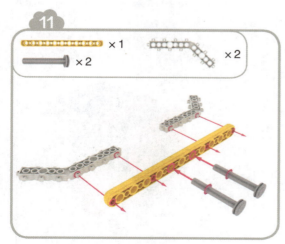
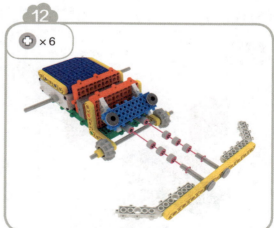

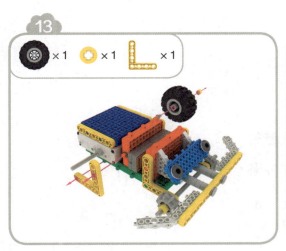
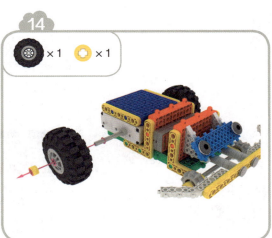
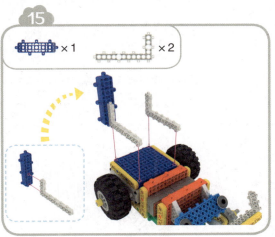
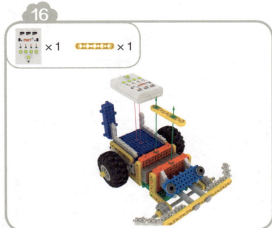
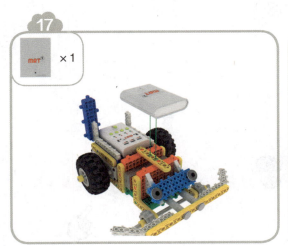

图 5-3　拼装步骤

④ 元器件连一连（图5-4）

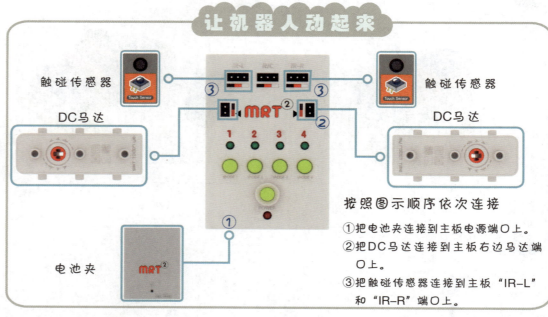

① 把电池夹连接到主板电源端口上。
② 把DC马达连接到主板右边马达端口上。
③ 把触碰传感器连接到主板"IR-L"和"IR-R"端口上。

图5-4　操作说明

（1）现实中的碰碰车是通过方向盘来控制方向的，本单元搭建完成的碰碰车是靠什么来控制方向的呢？

（2）你玩过碰碰车吗？跟大家说一说你的玩耍经历。

（3）本单元搭建的碰碰车是利用哪部分来防止碰碰车受到损害呢？

（1）尝试改一改所搭建的碰碰车，使它更加牢固。

（2）和同学的碰碰车来碰一碰吧，看谁的碰碰车更加牢固。

（1）利用教学"工具包"内的器材，再自行寻找一些其他材料，和同学一起搭建一个有着丰富游乐设施的游乐场吧。

（2）除了碰碰车，你还能搭建出游乐场内的其他游乐设施模型(图5-5)吗？

a)

b)

c)

图 5-5 游乐场部分游乐设施

（1）请将作品拍照、保存。
（2）请将电池夹关闭并拆下。
（3）请将电子元器件拆下。
（4）请将模型拆除。
（5）请将所有配件放回原位。
（6）对照配件清单清点配件。

第6单元 挖掘机

 学习目标

◎ 了解一些特殊的工程车,增长生活见识。
◎ 学会自己添加传感器并应用。
◎ 能够搭建挖掘机模型。

图 6-1a 所示是常见的几种工程车,但它们都缺少了一部分。请在图 6-1b 中为左边的工程车找到各自缺少的部分,并用线连一连。

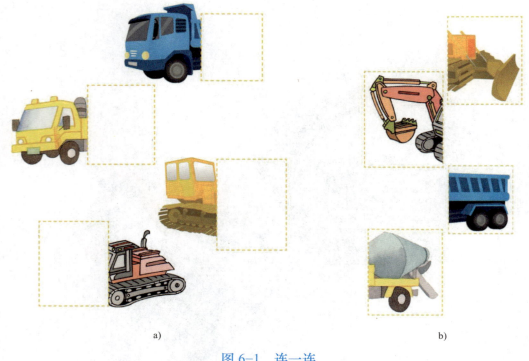

a)   b)

图 6-1 连一连

挖掘机(图 6-2)是常见的一种特殊的工程车,主要是用来挖掘泥土、装车、凿地、碎石等。我们经常会在地铁施工、房屋拆除、楼房建设等施工现场见到。因施工现场车辆多,地形也复杂,请同学们务必注意,不要在任何施工工地上玩耍。遇到挖掘机工作时,必须远离机器铲臂的旋转半径区域,以免出现安全事故。

图 6-2 挖掘机

动手实现

❶ 本单元创意拼装目标：挖掘机（图 6-3）。

图 6-3 挖掘机模型

❷ 准备材料

按照表 6-1 所示的配件清单准备拼装材料，做好搭建准备。

表 6-1 配件清单

品名	图示	数量	品名	图示	数量
模块 511G	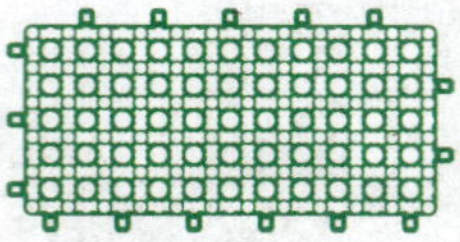	2 块	模块 35R	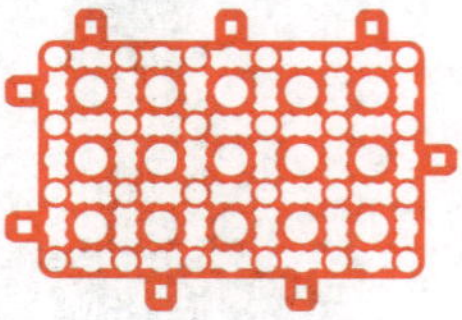	2 块
硬护帽		2 个	模块 111R		2 块
连接轴		2 个	角度模块 36	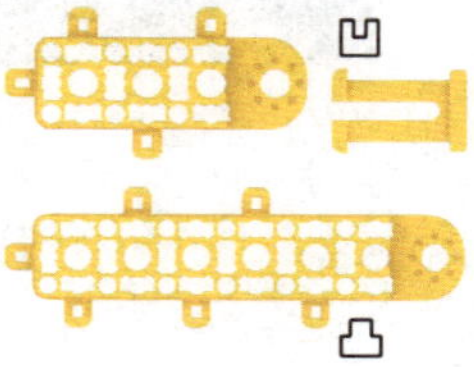	2 套
马达		2 个	90 度模块		2 块
模块 311B	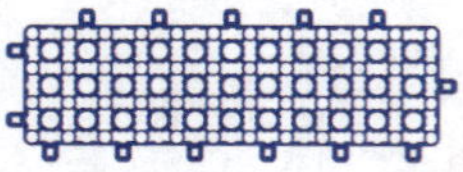	2 块	小模块 311	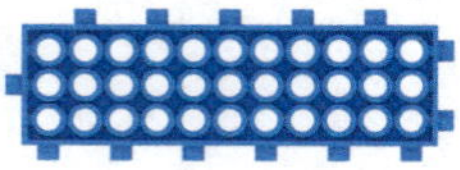	2 块
L 连接框架	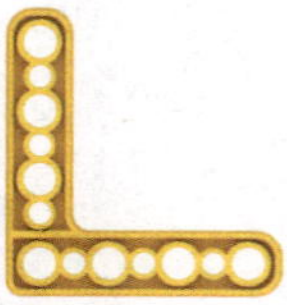	2 块	模块 55B	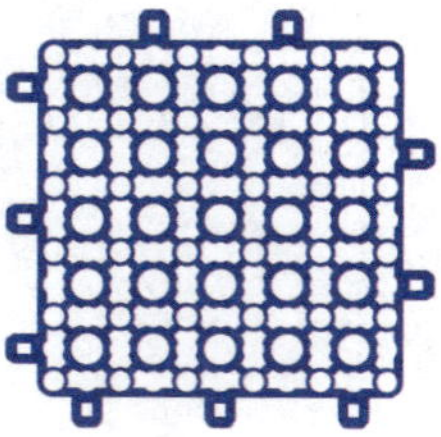	2 块
连接框架 5	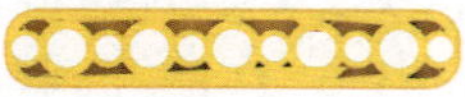	1 块	中齿轮		2 个

（续）

品名	图示	数量	品名	图示	数量
软护帽		6 个	A4 连接模块		3 块
小轮子		2 个	三角模块		2 块
中轴		2 根	短轴		2 根
连接框架 11		1 块	小模块 111		2 块
模块 15B		3 块	遥控接收器		1 个
主板	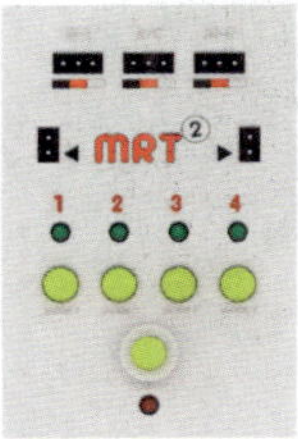	1 个	电池夹	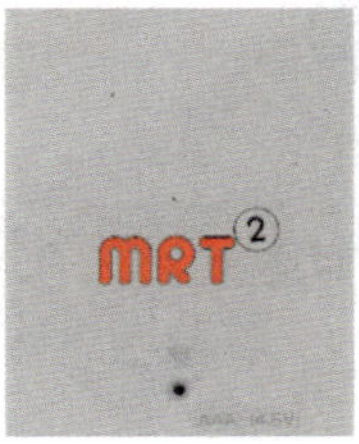	1 个

③ 动手搭一搭（图 6-4）

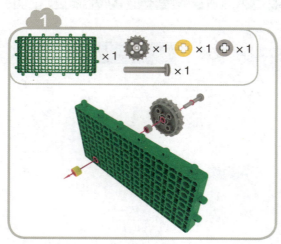

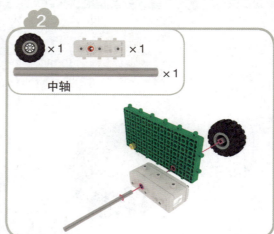

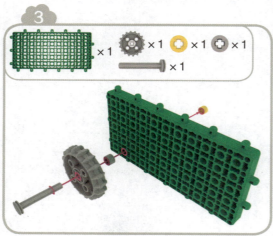

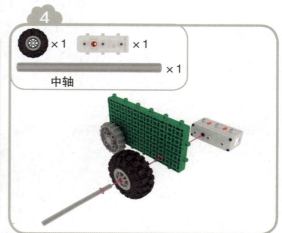

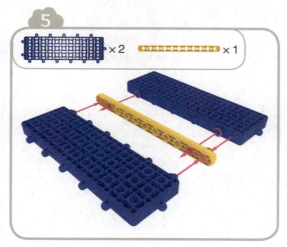

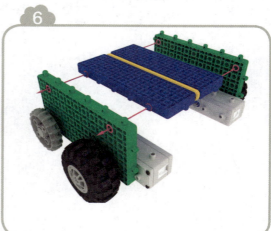

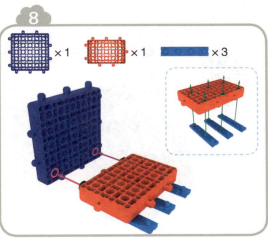

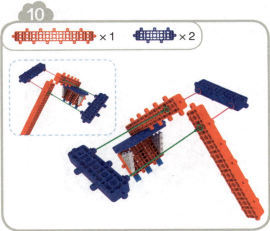
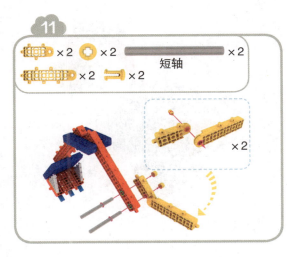
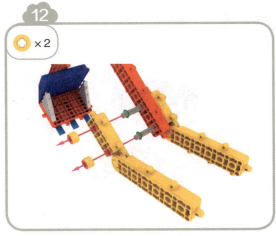

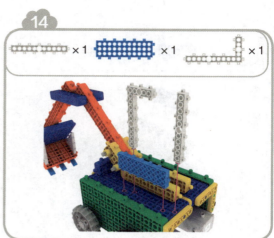
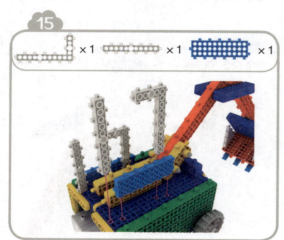
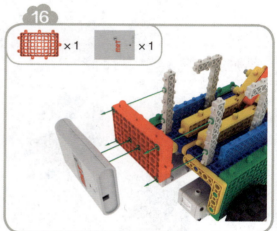
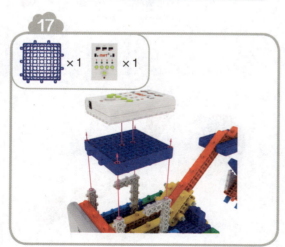

图 6-4　拼装步骤

❹ 元器件连一连（图6-5）

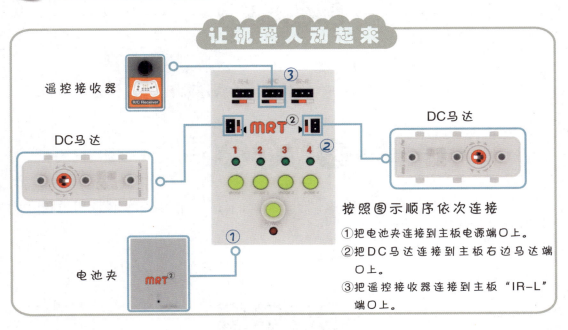

按照图示顺序依次连接

①把电池夹连接到主板电源端口上。
②把DC马达连接到主板右边马达端口上。
③把遥控接收器连接到主板"IR-L"端口上。

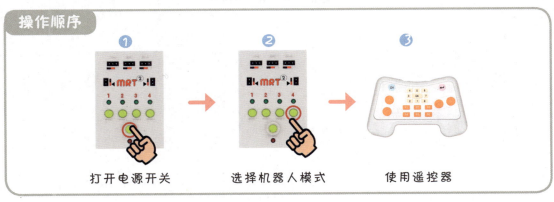

操作顺序：打开电源开关 → 选择机器人模式 → 使用遥控器

让挖掘机动起来

图6-5 操作说明

（1）说一说，挖掘机由哪些部分组成？
（2）在你生活周围，一般在什么地方能看到挖掘机？

（1）试一试在搭建完成的挖掘机的铲臂上接一个触碰传感器和齿轮，让挖掘机的摇臂可以动起来。
（2）试一试把你的挖掘机改造成一个铲车。

（1）请将作品拍照、保存。
（2）请将电池夹关闭并拆下。
（3）请将电子元器件拆下。
（4）请将模型拆除。
（5）请将所有配件放回原位。
（6）对照配件清单清点配件。

第 7 单元

 学习目标

◎ 了解我国古代桔槔装置。
◎ 了解起重机使用的范围。
◎ 能够搭建起重机模型。
◎ 学会记录观察的结果。

大开眼界

1 桔槔（jié gāo）

春秋时期，人们创造出了一种叫"桔槔"（图7-1）的灌溉方法。这种方法是用一根直木竖立河边或井边，横木用绳子横挂在竖木的顶上，横木一端系重物（大石块），一端用长绳系上水桶。打水时，把绳子拉下来，让水桶浸入水中；装满水后，把绳一放，水桶就升起来了。

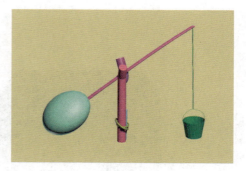

图7-1 桔槔

2 起重机

起重机（图7-2）一般被用在港口、车间、工地等地方。可用它吊起很重的物品，搬运到另外一个地方并放下。起重机可装在汽车上，也可固定在码头等地方。

图7-2 起重机

动手实现

① 本单元创意拼装目标：起重机（图 7-3）。

图 7-3　起重机模型

② 准备材料

按照表 7-1 所示的配件清单准备拼装材料，做好搭建准备。

表 7-1　配件清单

品名	图示	数量	品名	图示	数量
模块 55B		2 块	模块 15B		4 块
长轴		1 根	135 度模块		2 块
小齿轮		1 个	模块 111R		2 块
中齿轮		2 个	A3 连接模块		3 块

（续）

品名	图示	数量	品名	图示	数量
模块 35R	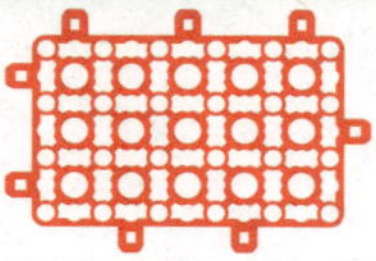	2 块	模块 311B	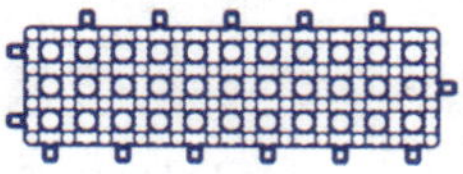	2 块
中轴		2 个	小模块 35	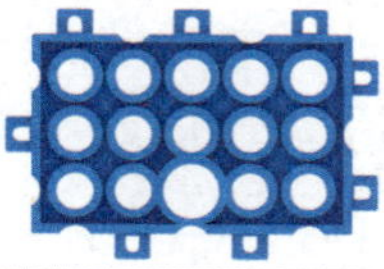	1 块
模块 511G	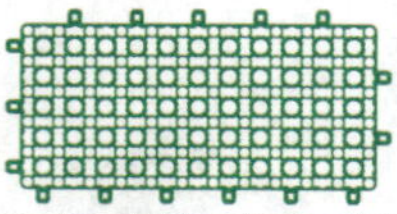	2 块	小模块 15	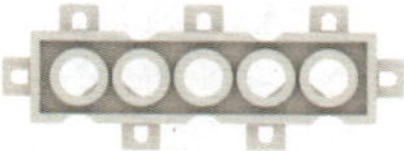	1 块
90 度模块	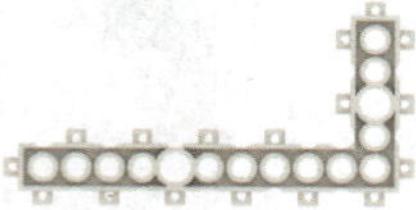	2 块	连接框架 11		4 块
马达		1 个	5 孔框架		2 块
硬护帽		2 个	短轴		1 根
软护帽		10 个	触碰传感器		2 个
连接框架 5		7 块	小模块 55		2 块
大齿轮	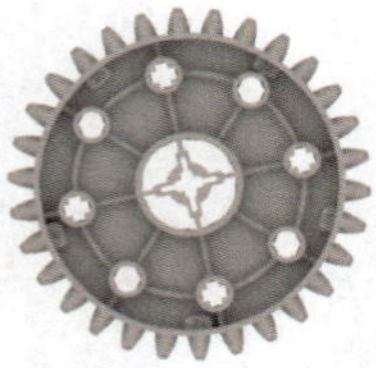	2 个	主板	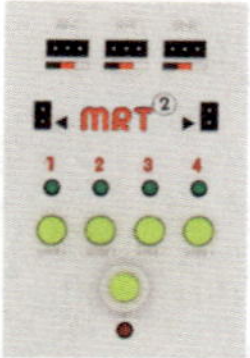	1 个
连接轴		2 个	电池夹	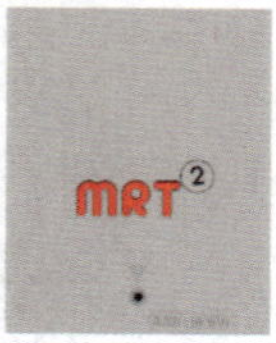	1 个
角度模块 66		2 套			

③ 动手搭一搭（图7-4）

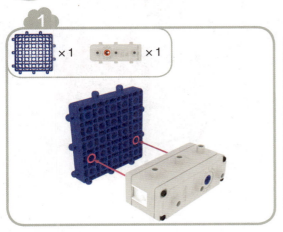

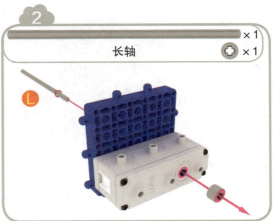

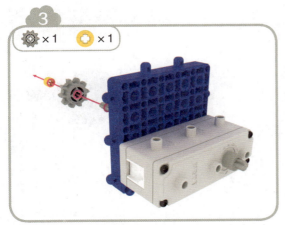

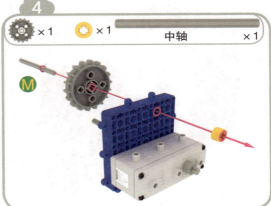

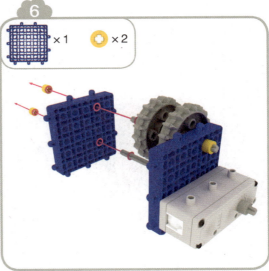

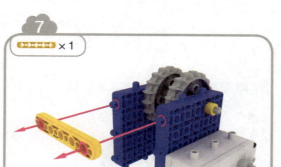
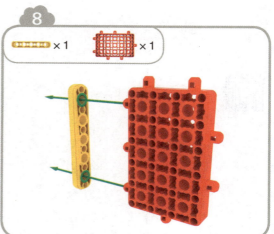
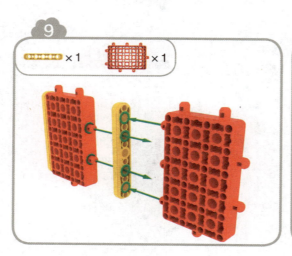
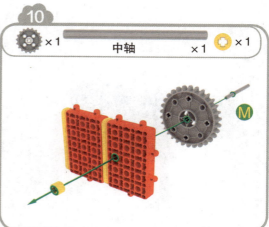

中轴

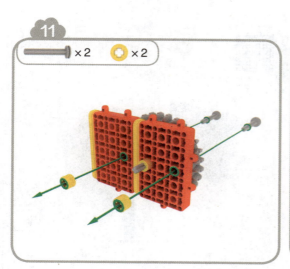
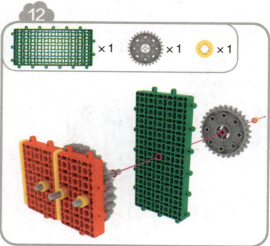

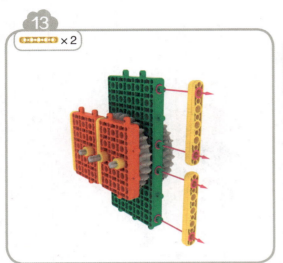
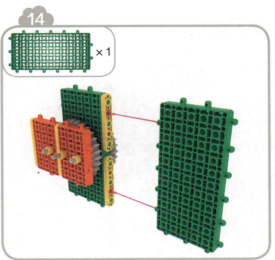
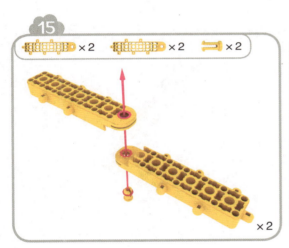
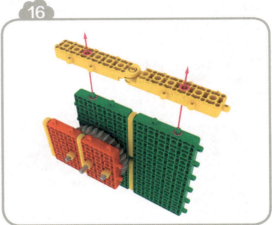
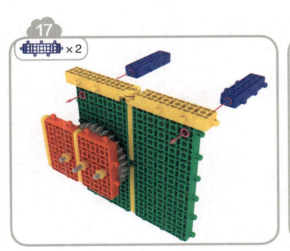
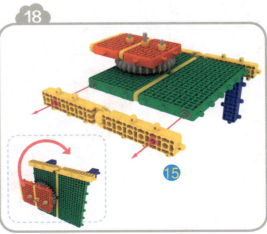

69

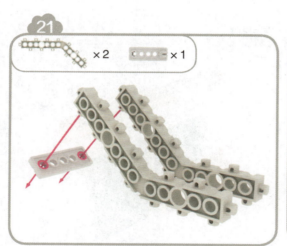
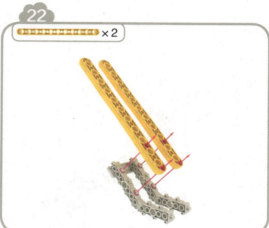
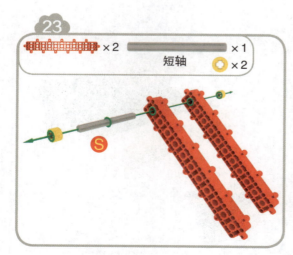
短轴
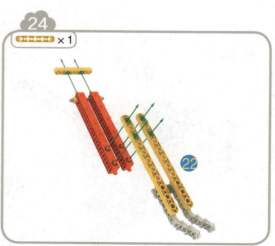

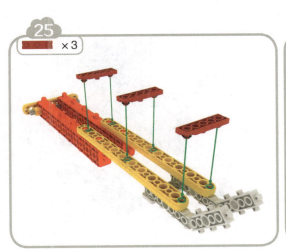
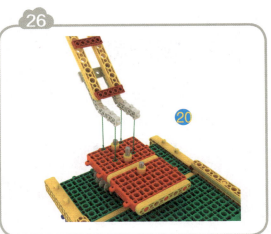

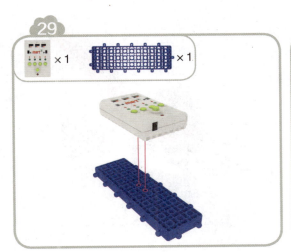
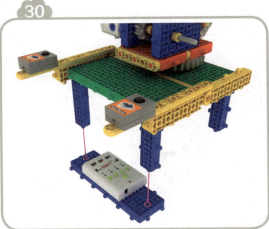

71

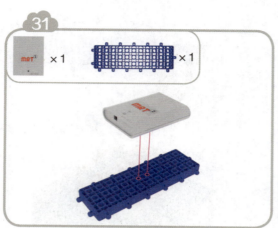

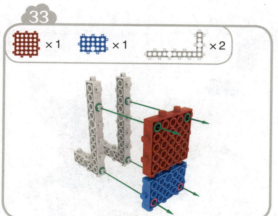
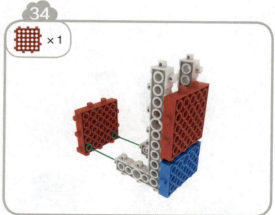
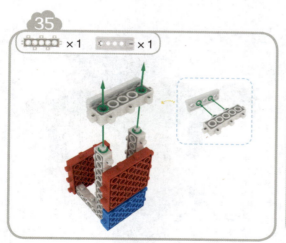

图 7-4　拼装步骤

④ 元器件连一连（图7-5）

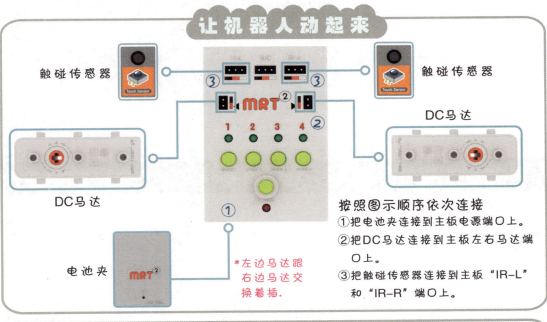

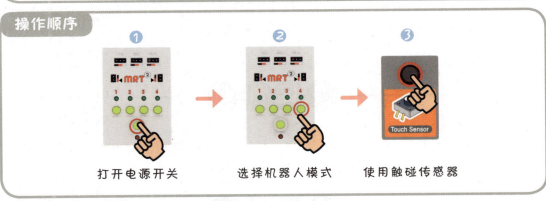

图7-5　操作说明

（1）称一称你的书包、笔盒、橡皮等重量，然后尝试使用拼装完成的起重机分别吊起来，记录相应结果，并想一想这些物品为什么能或为什么不能用起重机吊起来呢，把结果和原因填在表 7-2 中。

表 7-2　测试记录

物品	重量	能不能吊起来？	能或不能的原因？
书包			
笔盒			
橡皮			
…			

（2）如需吊起更重的物品，需要如何调整起重机？

你能试着用教学"工具包"内的部件，搭建出桔槔的模型吗？

（1）请将作品拍照、保存。
（2）请将电池夹关闭并拆下。
（3）请将电子元器件拆下。
（4）请将模型拆除。
（5）请将所有配件放回原位。
（6）对照配件清单清点配件。

第 8 单元 汽车起重机

 学习目标

◎ 了解汽车起重机和轮胎起重机。

◎ 能够搭建汽车起重机模型。

◎ 能够操纵搭建完成的汽车起重机吊起物品。

1 汽车起重机

汽车起重机（图8-1）是起重机和汽车两者结合的产物。它可以灵活地转移工作场所，不用安装拆卸，使用起来更为方便。不过，相比其他类型的起重机，它能吊起的物品重量要轻一些。

图8-1 汽车起重机

2 轮胎起重机

轮胎起重机（图8-2）是把起重机构安装在由加重型轮胎和轮轴组成的特制底盘上的一种全回转起重机。加重型轮胎是特制的，又高又厚。另外，为了保证安装作业时机身的稳定性，起重机底盘设有四个可伸缩的支腿。

图8-2 轮胎起重机

动手实现

❶ 本单元创意拼装目标：汽车起重机（图 8-3）。

图 8-3　汽车起重机模型

❷ 准备材料

按照表 8-1 所示的配件清单准备拼装材料，做好搭建准备。

表 8-1 配件清单

品名	图示	数量	品名	图示	数量
模块 511G	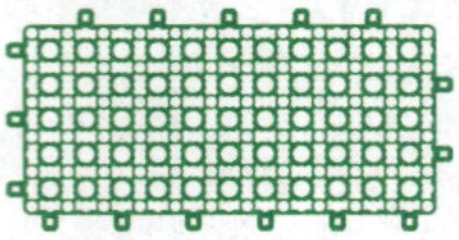	1 块	中轴		2 根
模块 35R	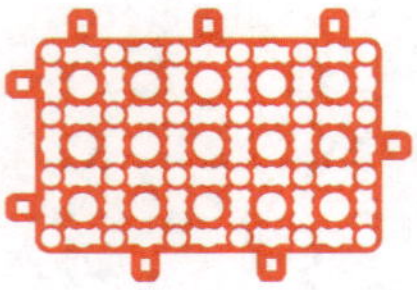	2 块	小齿轮		1 个
眼睛		2 个	硬护帽		2 个
L 连接框架	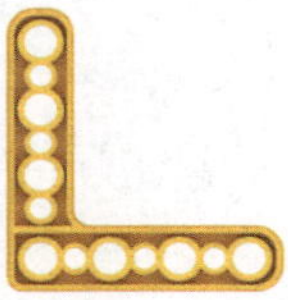	2 块	触碰传感器		1 个
长轴		2 根	小模块 311	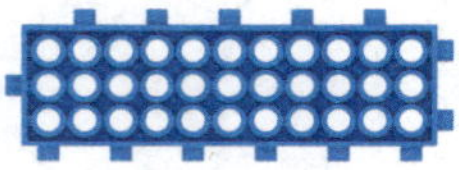	1 块
软护帽		8 个	小模块 35	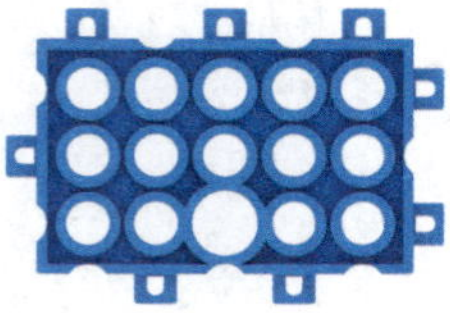	2 块
小模块 15	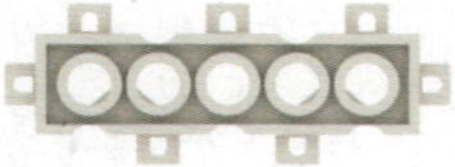	2 块	轴模块	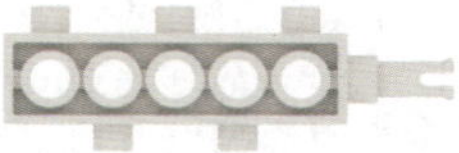	2 块
连接框架 11		2 块	马达固定模块		2 块

（续）

品名	图示	数量	品名	图示	数量
模块 55B	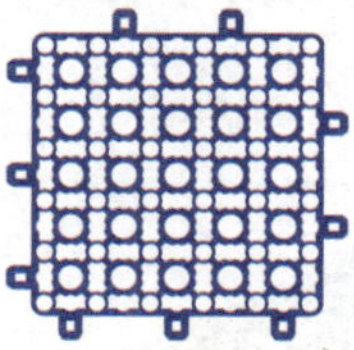	2 块	马达		1 个
小模块 511	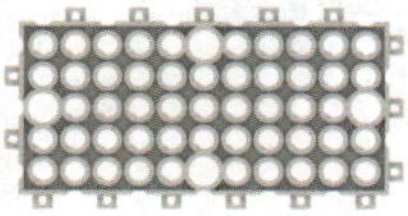	1 块	中齿轮		2 个
连接框架 5		4 块	角度模块 6 凹		2 块
模块 15B	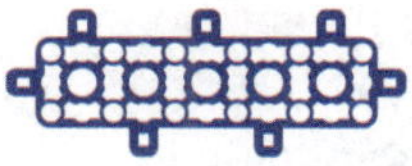	4 块	角度模块 3 凹	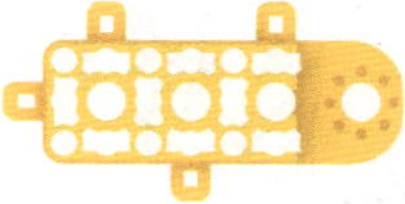	1 块
模块 311B	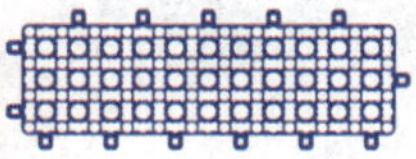	2 块	小模块 111		3 块
小轮子		4 个	小模块 55		2 块
模块 111R		2 块	90 度模块	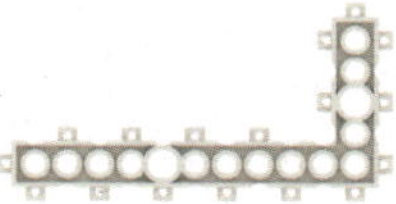	2 块
135 度模块	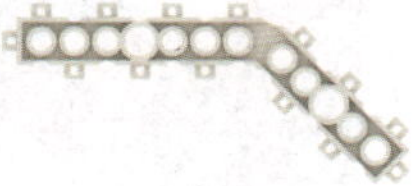	2 块	角度模块 33		1 套
主板	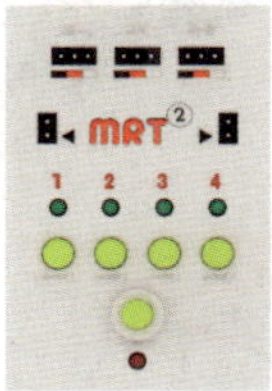	1 个	电池夹	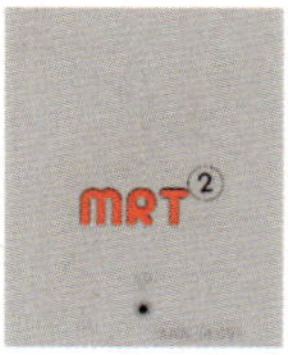	1 个

③ 动手搭一搭（图 8-4）

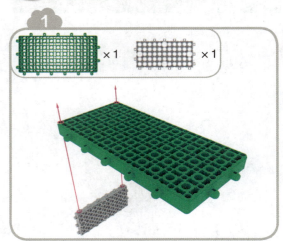
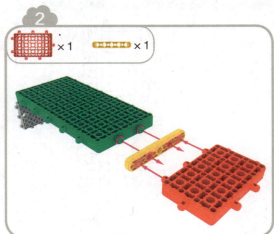
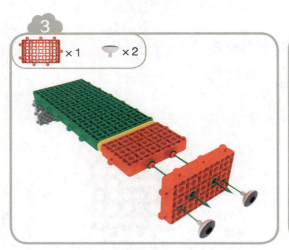
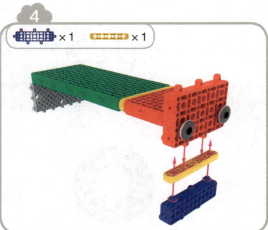
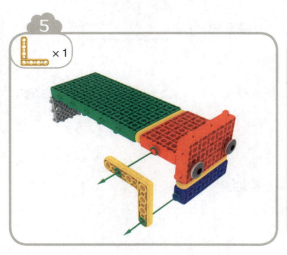
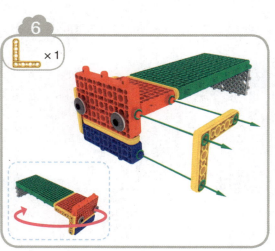

7

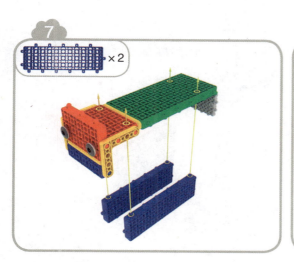

8

长轴

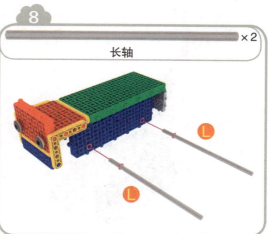

9

10

11

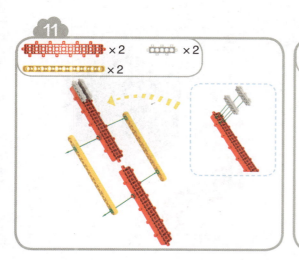

12

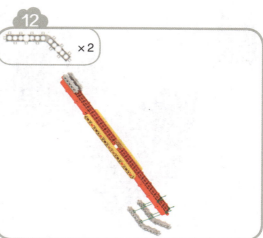

81

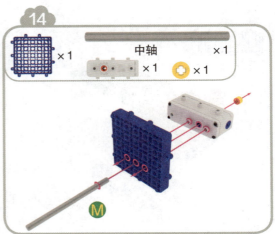

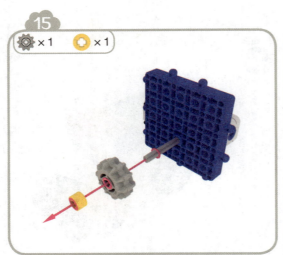

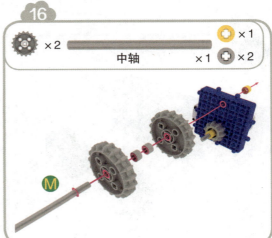

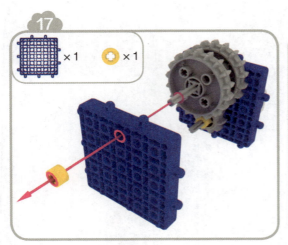

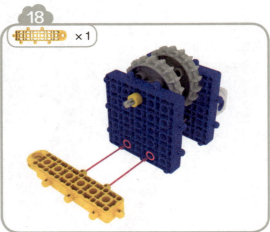

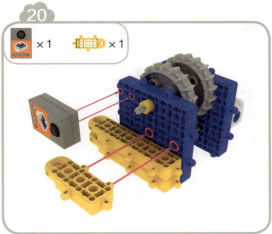

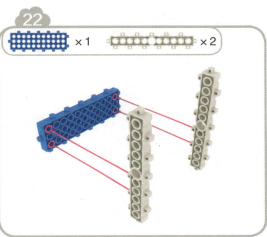

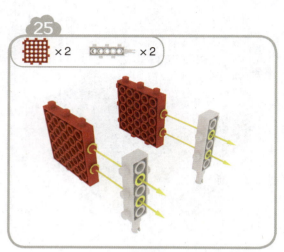

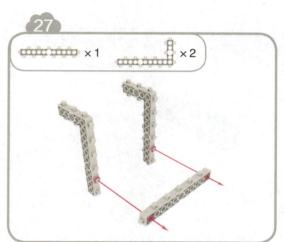

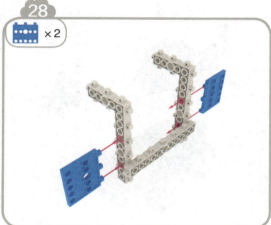

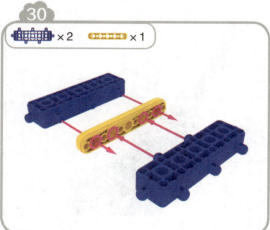

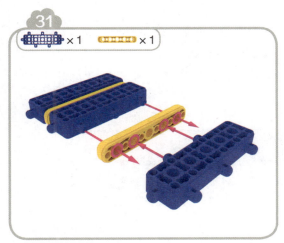

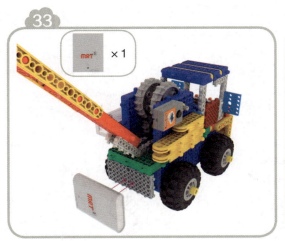

图 8-4 拼装步骤

4 器件连一连（图8-5）

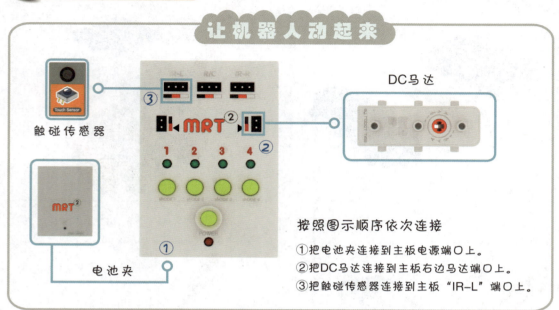

操作顺序

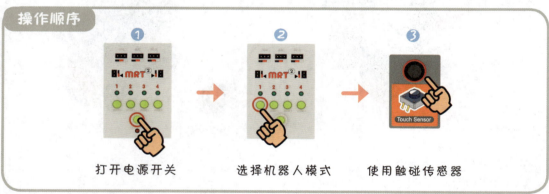

让汽车起重机动起来

图8-5　操作说明

（1）你搭建的汽车起重机能吊起多重的物品呢？用不同重量的物品试一试。

（2）你觉得是由哪些什么因素决定这台汽车起重机吊起的重量？

（3）想一想，起重机为什么要有长长的吊臂？

（1）想一想还可以用什么来制作起重机的吊钩。

（2）和同学比一比，看谁的起重机能吊起的东西更多吧。

（1）请将作品拍照、保存。

（2）请将电池夹关闭并拆下。

（3）请将电子元器件拆下。

（4）请将模型拆除。

（5）请将所有配件放回原位。

（6）对照配件清单清点配件。

第 9 单元

 学习目标

◎ 了解什么是叉车。
◎ 了解叉车的种类。
◎ 能够搭建叉车模型。
◎ 能够理解托盘的作用。

大开眼界

① 叉车

叉车（图9-1）是一种工业搬运车辆，专门用来搬运、堆放放在托盘上的货物。叉车在物流系统中用途很广，车站、港口、机场、工厂、仓库等地方都有叉车的身影。室外作业的叉车可以使用汽油或柴油等作为动力，室内作业的叉车一般使用电力作为动力。

图9-1　叉车

② 手动托盘叉车（图9-2）

图9-2　手动托盘叉车

③ 托盘

托盘（图9-3）是为了便于货物装卸、运输等而使用的可承载物品的装卸用垫板。托盘有用木头做的，有用钢做的，有用塑料做的，还有用复合材料和纸做的。叉车可以叉起来的货物必须是能放到托盘上的，叉车会伸到托盘底下，把托盘连同放在上面的货物一起托起来。

图9-3 托盘

动手实现

① 本单元创意拼装目标：叉车（图9-4）。

图9-4 叉车模型

② 准备材料

按照表 9-1 所示的配件清单准备拼装材料，做好搭建准备。

表 9-1　配件清单

品名	图示	数量	品名	图示	数量
模块 311B	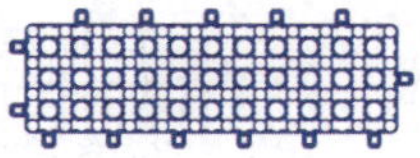	2 块	触碰传感器	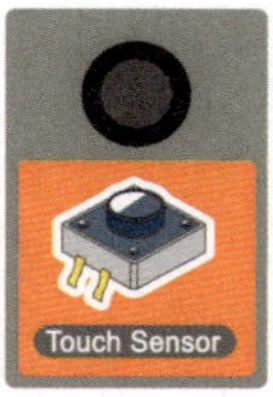	2 个
连接轴		2 个	135 度模块	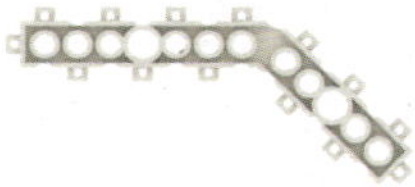	2 块
小轮子		4 个	大齿轮		2 个
模块 511G	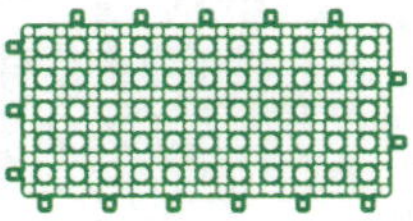	2 块	中轴		2 根
模块 15B		3 块	小模块 111		4 块
马达		1 个	模块 35R	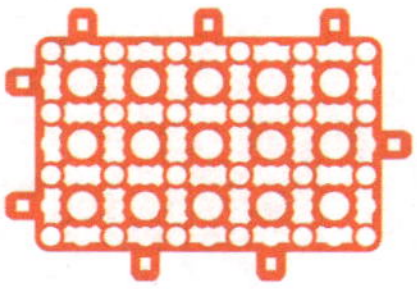	2 块

(续)

品名	图示	数量	品名	图示	数量
硬护帽		1个	中齿轮		2个
软护帽		10个	模块55B	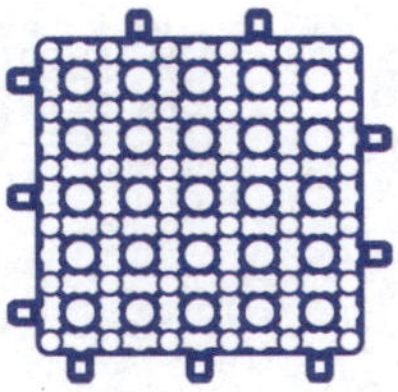	2块
短轴		3根	连接框架11		4块
连接框架5		8块	L连接框架	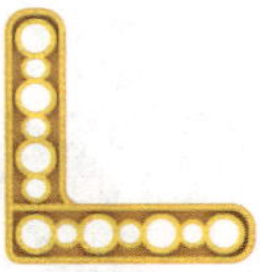	4块
小齿轮		1个	角度模块66		1套
主板	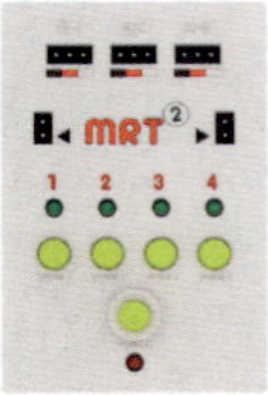	1个	电池夹	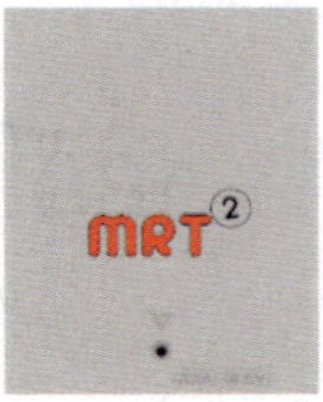	1个
模块111R		2块			

③ 动手搭一搭（图 9-5）

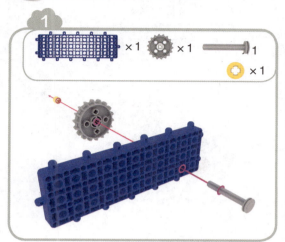

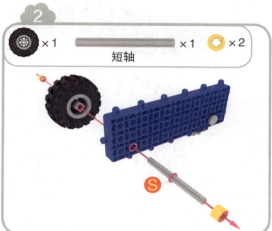

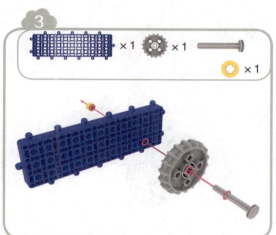

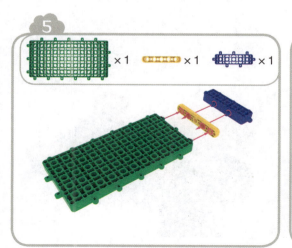

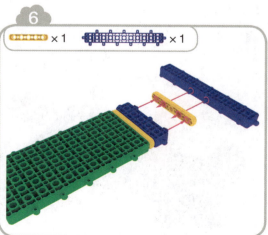

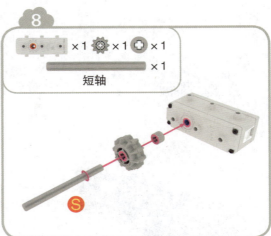

短轴

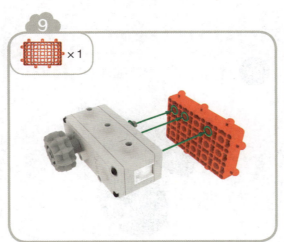

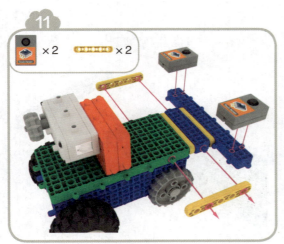
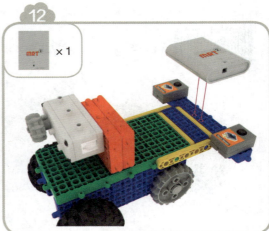

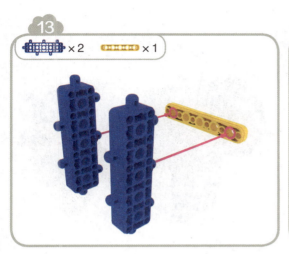
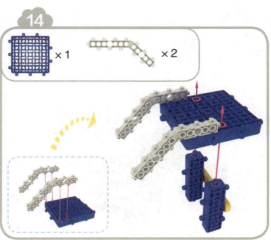

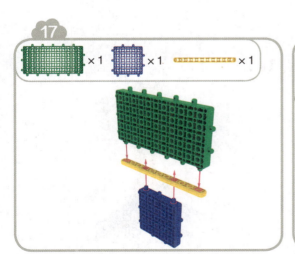
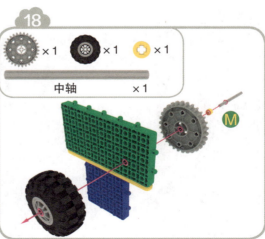

中轴

95

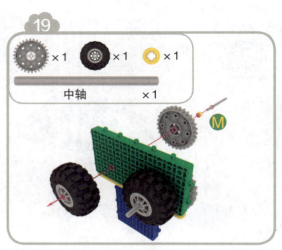
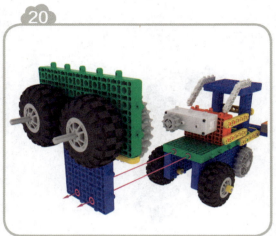
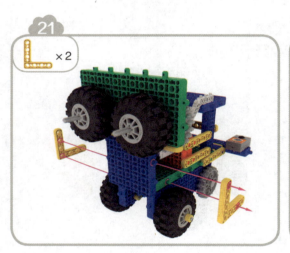
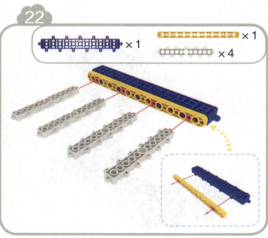
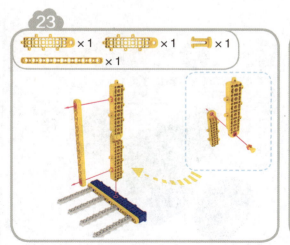
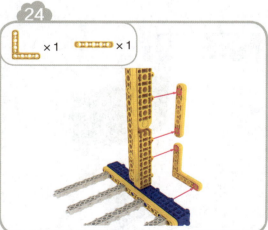

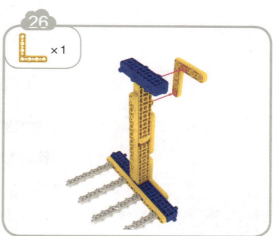

图 9-5 拼装步骤

④ 元器件连一连（图 9-6）

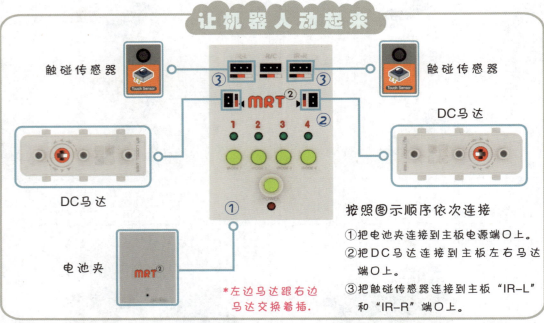

操作顺序

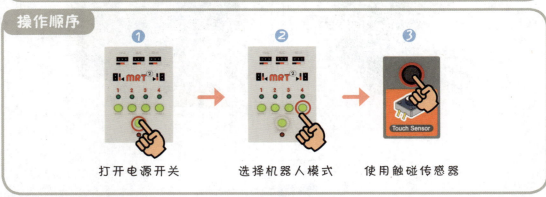

让叉车动起来

图 9-6 操作说明

（1）为什么用柴油、汽油作为动力的叉车用在室外呢？

（2）想一想，使用叉车作业时，货物放在托盘上有什么好处？

用教学"工具包"内的配件搭建一个托盘，用叉车试着把它叉起来。

（1）请将作品拍照、保存。

（2）请将电池夹关闭并拆下。

（3）请将电子元器件拆下。

（4）请将模型拆除。

（5）请将所有配件放回原位。

（6）对照配件清单清点配件。

第10单元 道路清扫车

 学习目标

◎ 了解道路清扫车。
◎ 了解以吸尘方式工作的清扫车。
◎ 了解清扫车吸尘的原理。
◎ 能够搭建道路清扫车模型。

① 道路清扫车

道路清扫车（图10-1）就是在车底盘上装上扫刷、水箱、吸尘器、垃圾箱等设备的汽车，可以完成马路的清扫、清洗、洒水等工作。

图10-1　道路清扫车

② 吸尘车

吸尘车是装有吸尘系统的，可直接将灰尘和垃圾吸进车载垃圾箱的清洁车。吸尘车可以吸灰尘、树叶甚至小石子。它吸尘时不洒水，不用刷子，还能清洁空气，是一种新型的高科技产品。

③ 家用吸尘器

家用吸尘器一般由进风口、出风口、马达、扇叶和空气过滤网组成。吸尘时，由马达带动叶片，将带灰尘的空气吸入吸尘器，然后经过过滤，把灰尘脏东西留在吸尘器中，干净的空气从出风口吹出，原理如图10-2所示。

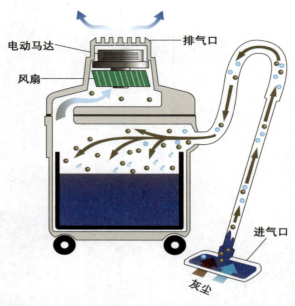

图 10-2　家用吸尘器原理图

① **本单元创意拼装目标：道路清扫车（图 10-3）。**

图 10-3　道路清扫车模型

❷ 准备材料

按照表 10-1 所示的配件清单准备拼装材料,做好搭建准备。

表 10-1　配件清单

品名	图示	数量	品名	图示	数量
小轮子		2 个	模块 111R		2 块
硬护帽		6 个	中齿轮		2 个
中轴		2 根	大齿轮		2 个
短轴		4 根	A4 连接模块		2 块
连接框架 5		7 块	小模块 111	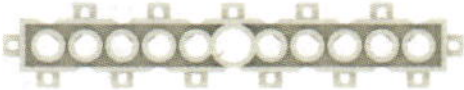	4 块
模块 311B	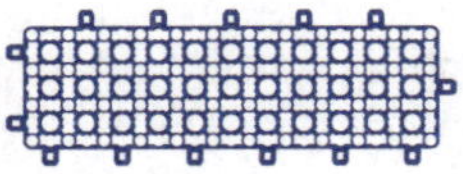	2 块	小模块 511	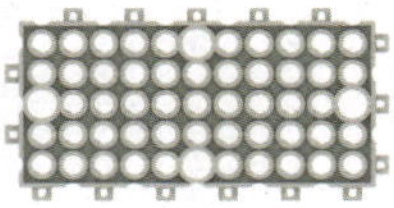	1 块

（续）

品名	图示	数量	品名	图示	数量
马达固定模块		2 块	模块 511G	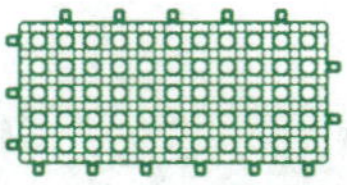	1 块
连接框架 11		3 块	模块 35R	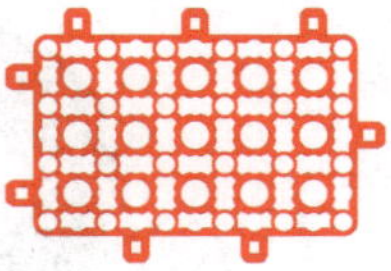	2 块
马达	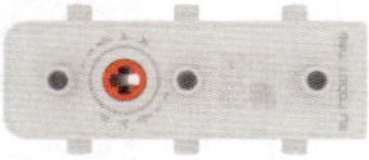	2 个	连接轴		2 个
软护帽		10 个	小模块 311	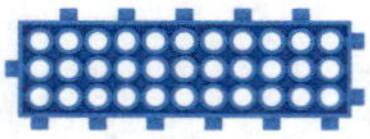	2 块
小齿轮		2 个	眼睛模块		2 块
模块 15B		2 块	135 度模块	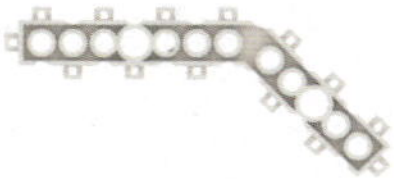	2
模块 55B	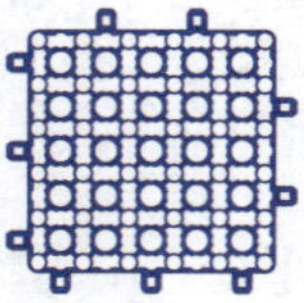	2 块	遥控接收器		1 个
主板	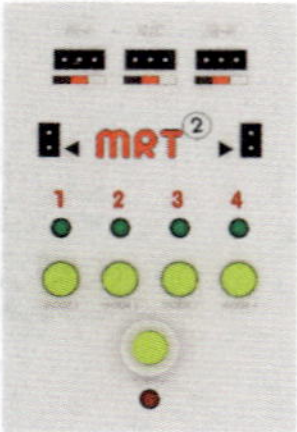	1 个	电池夹	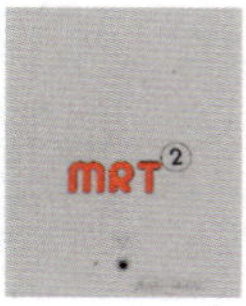	1 个

③ 动手搭一搭（图10-4）

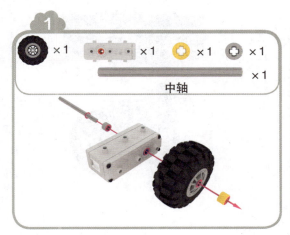

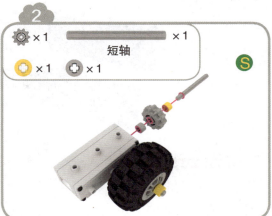

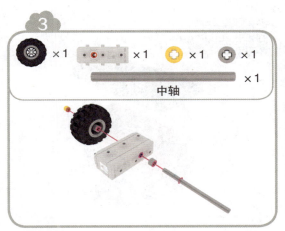

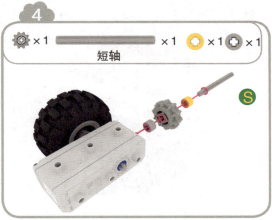

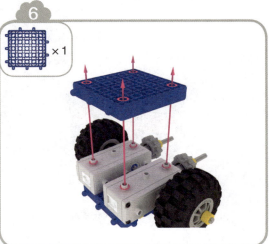

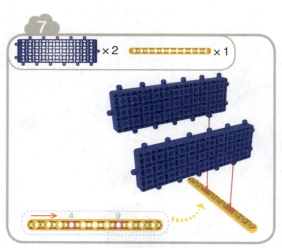

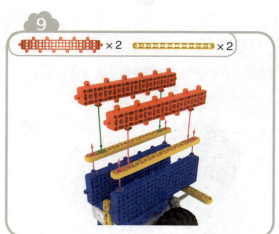

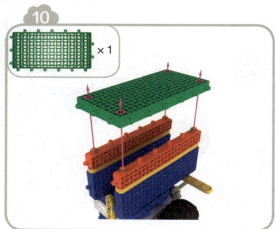

短轴

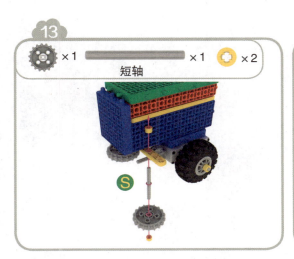
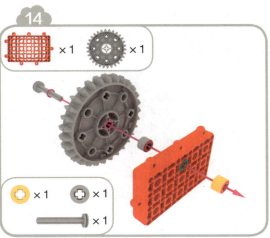
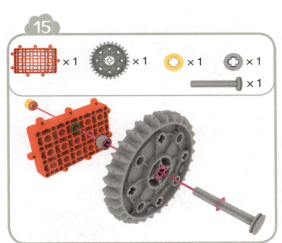
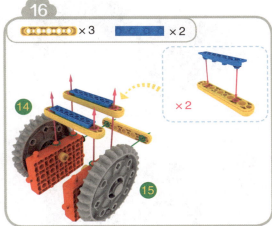
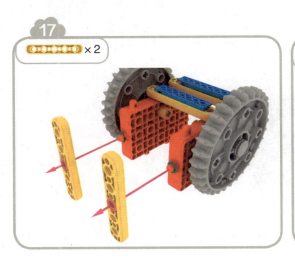
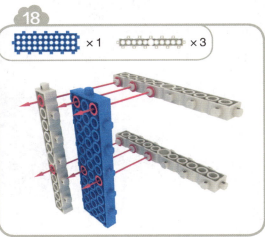

107

图 10-4　拼装步骤

④ 元器件连一连（图10-5）

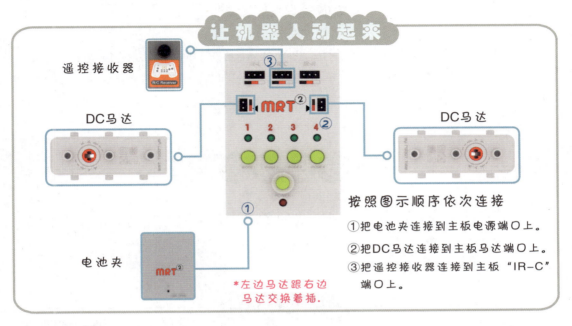

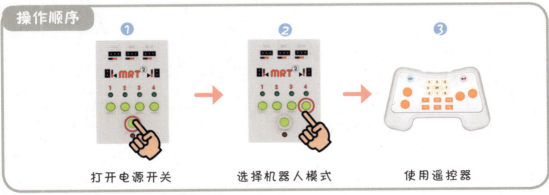

图10-5　操作说明

(1)观察电吹风吹风时的情形,你能猜出它可能的组成结构吗?

(2)在你家附近或学校附近有道路清扫车吗?观察它们的工作情况并理解运行原理。

寻找适当的材料给本单元所完成的道路清扫车配上扫刷。在桌面上放一点小垃圾,试试道路清扫车能否清扫小垃圾。

(1)请将作品拍照、保存。
(2)请将电池夹关闭并拆下。
(3)请将电子元器件拆下。
(4)请将模型拆除。
(5)请将所有配件放回原位。
(6)对照配件清单清点配件。

第 11 单元 压路机

 学习目标

◎ 了解压路机。
◎ 了解沥青混凝土。
◎ 了解沥青路面。
◎ 能够搭建压路机模型。
◎ 了解压路机的工作原理。

大开眼界

① 压路机

早在远古时期人们就利用羊群、牛群对土壤进行踩踏、搓揉和捣实来处理房屋的地基，压实大坝和河堤。19世纪中叶，人们公认碎石子路面（图11-1）是最优良的路面，很多路都铺了碎石子路面，但只是通过车辆的来来往往自然碾压来压实路面。后来，人们发明了压路机，大大提升了压实的效果，加快了工程进度，并且发现，压路机越重，压实效果越好。

图11-1　碎石子路面

压路机（图11-2）可用于碾压砂性、半粘性及粘性土壤、路基稳定土及沥青混凝土路面。除了滚动压实路面外，压路机还会进行震动，以进一步压实路面。碾轮一般以钢为原料制成，里面还可以装铁、砂、水等增加重量。

图11-2　压路机

❷ 沥青

沥青（图11-3）是一种黑色的很黏的物质。它不透水，也几乎不溶于水。沥青在加热后散发出来的物质，对人的身体有害。所以在沥青道路施工时，不要靠近施工现场。

图11-3　沥青

❸ 沥青混凝土

沥青混凝土是由沥青、碎石等混合起来的。用沥青混凝土铺成的路面（图11-4），有表面平整、无接缝、行车舒适、振动小、噪声低、耐磨、不扬尘等优点，而且这样的路面易清洗，施工时间也短。不过，沥青混凝土路面也有它的缺点，比如冬天容易变脆裂开，夏天容易软化。不过，科学家和工程人员也在不断地研究，改善沥青混凝土的性能表现。

图11-4　沥青混凝土路面

动手实现

① **本单元创意拼装目标：压路机（图 11–5）。**

图 11–5　压路机模型

② **准备材料**

按照表 11–1 所示的配件清单准备拼装材料，做好搭建准备。

表 11–1　配件清单

品名	图示	数量	品名	图示	数量
小轮子		2 个	马达		2 个
软护帽		4 个	模块 511G		2 块

（续）

品名	图示	数量	品名	图示	数量
L 连接框架	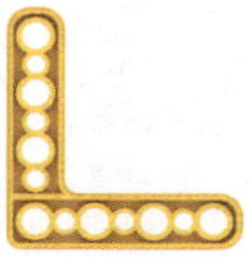	2 块	马达固定模块		1 块
模块 35R	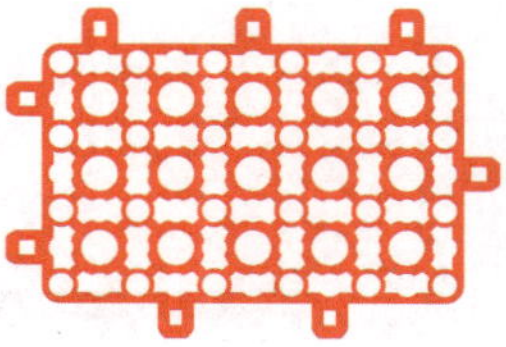	2 块	小模块 321	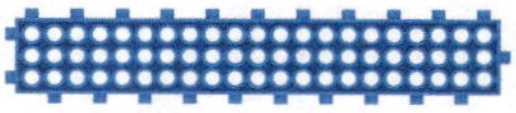	1 块
模块 15B		4 块	遥控接收器		1 个
长轴		1 根	角度模块 33		2 套
连接框架 11		4 块	中轴		3 根
小模块 35	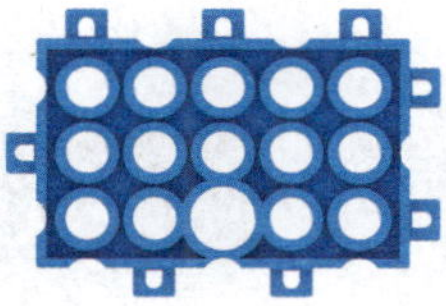	2 块	模块 55B	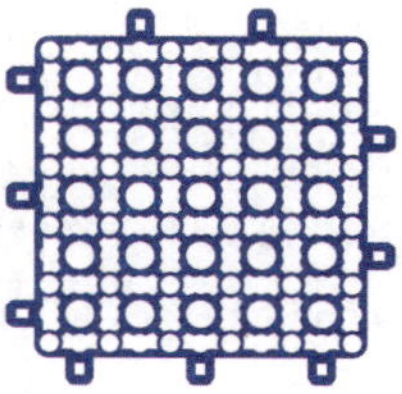	2 块

（续）

品名	图示	数量	品名	图示	数量
连接框架 5		2 块	模块 111R		2 块
135 度模块	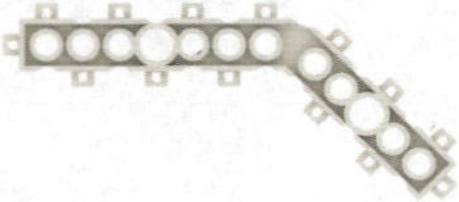	4 块	小模块 15	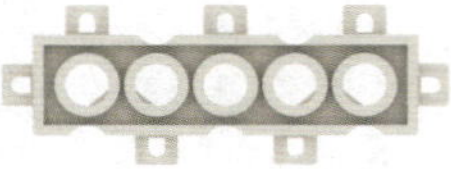	4 块
模块 311B	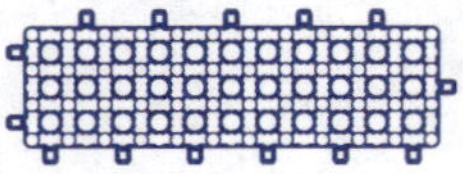	2 块	小模块 121		1 块
大齿轮	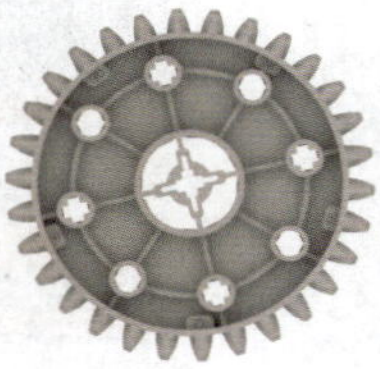	2 个	主板	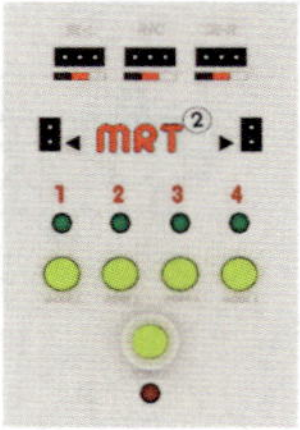	1 个
角度模块 6 凹		2 块	电池夹	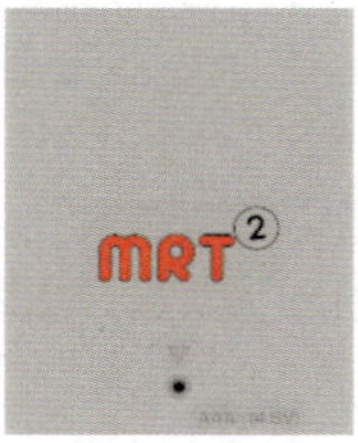	1 个
硬护帽		2 个	涡轮		1 个

③ 动手搭一搭（图 11-6）

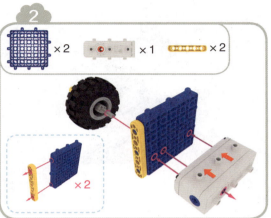

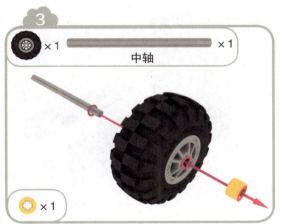

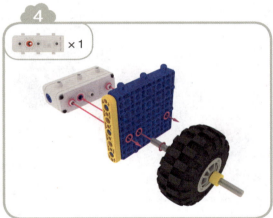

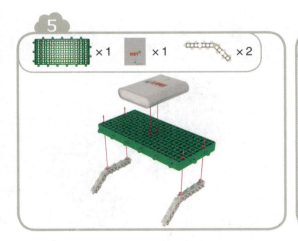

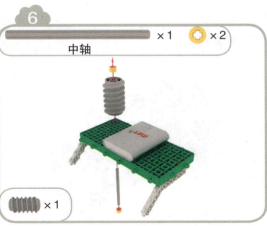

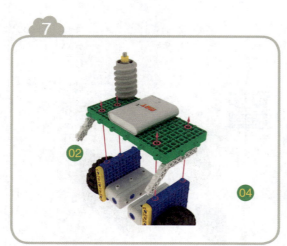
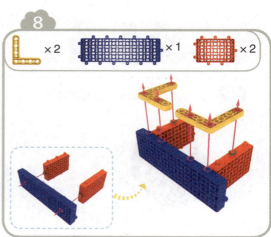

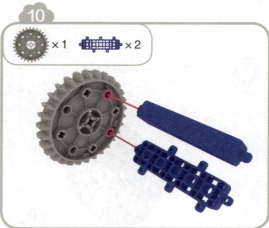
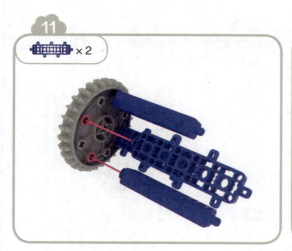

13

×1　×1

长轴 ×1

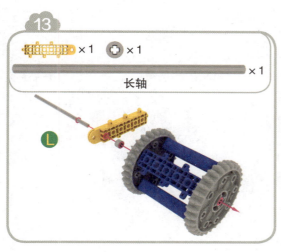

14

×1　×1

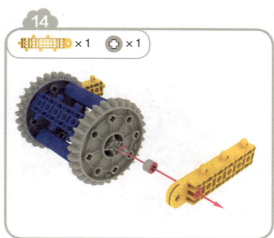

15

×2

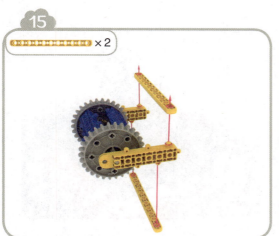

16

17

×1

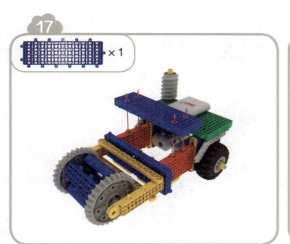

18

×2

19

20
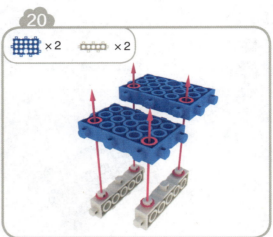

21
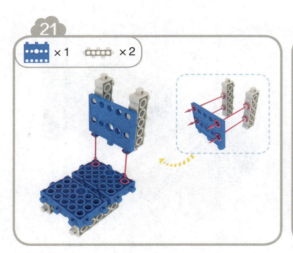

22
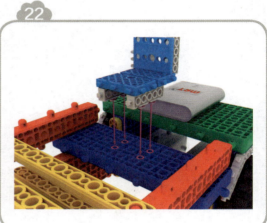

23
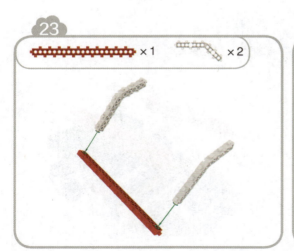

24
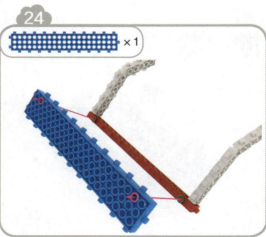

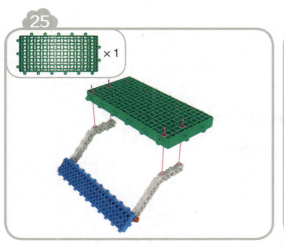
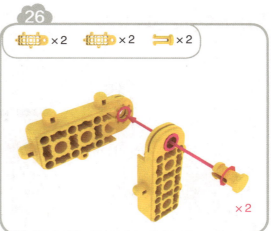

图 11-6　拼装步骤

④ 元器件连一连（图 11-7）

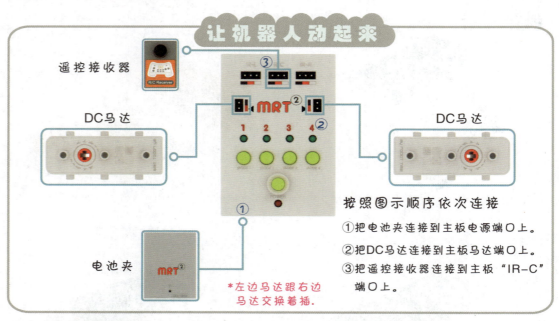

图 11-7　操作说明

（1）在你家附近或学校附近有沥青路面吗？观察路面，说一说这种路面的特点。

（2）观察图 11-1 中的碎石子路面，想一想，这样的路面有什么优点？

（1）用一些橡皮泥铺于桌面，用拼装完成后的压路机压一压，观察碾压效果。如果要取得很好的碾压效果，对橡皮泥的厚度有什么要求？

（2）试试用其他物品制作或改造碾轮，并观察碾压效果。

（1）请将作品拍照、保存。
（2）请将电池夹关闭并拆下。
（3）请将电子元器件拆下。
（4）请将模型拆除。
（5）请将所有配件放回原位。
（6）对照配件清单清点配件。

第 12 单元　跳舞机器人

 学习目标

◎ 了解跳舞机器人的结构特点。
◎ 了解关节的结构特点。
◎ 能够搭建跳舞机器人模型。
◎ 能够熟练操控机器人。
◎ 能够与团队成员协同达成目标。

大开眼界

① 跳舞机器人

跳舞机器人要能跳舞，结构需要模仿真人，双腿要分立走路，双臂要有较好的自由度，可以完成多种高难度动作。机器人的腿和手臂能够在关节处灵活活动。

② 关节

人类的骨与骨之间相互连接，其连结组织中有空隙，能够让骨做不同程度的活动，此种骨连结即称关节（图 12-1）。人体有 200 多个关节，如肩关节、肘关节、腕关节、髋关节、膝关节、踝关节等。关节是骨转动的枢纽。

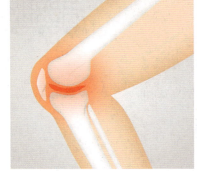

图 12-1　关节

动手实现

① 本单元创意拼装目标：跳舞机器人（图 12-2）。

图 12-2　跳舞机器人模型

❷ 准备材料

按照表 12-1 所示的配件清单准备拼装材料，做好搭建准备。

表 12-1　配件清单

品名	图示	数量	品名	图示	数量
模块 55B	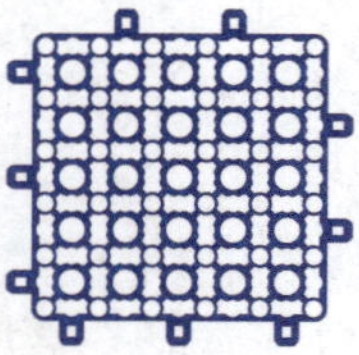	2 块	L 连接框架	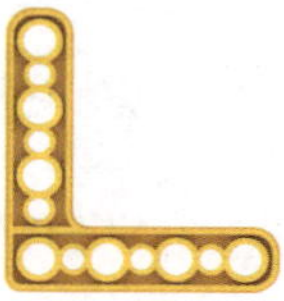	4 块
中轴		2 根	小模块 35	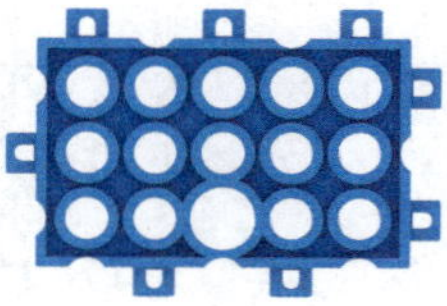	2 块
小模块 111		4 块	模块 15B		4 块
模块 511G	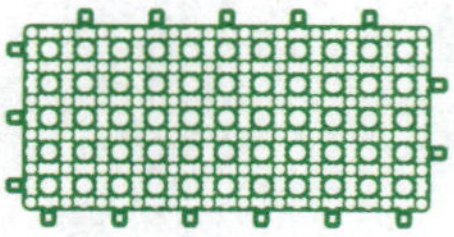	1 块	模块 35R	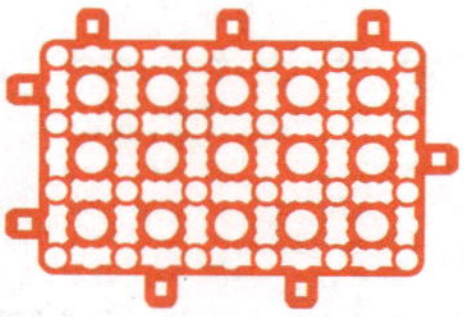	2 块
小模块 511	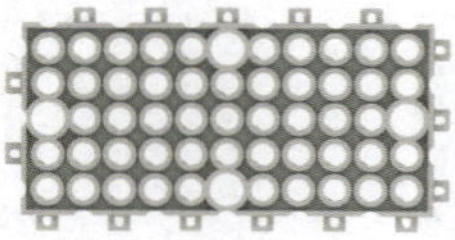	2 块	90 度模块	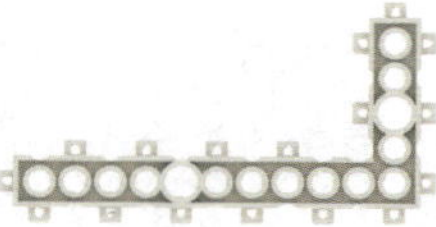	2 块
马达固定模块		2 块	角度模块 36	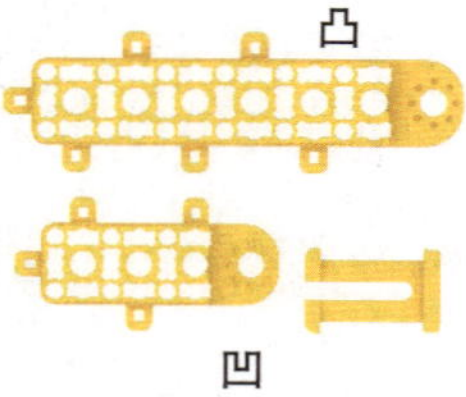 凸 / 凹	2 套
模块 111R		2 块	连接轴		2 个

（续）

品名	图示	数量	品名	图示	数量
遥控接收器		1个	小模块311	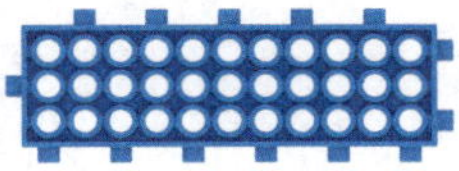	2块
135度模块	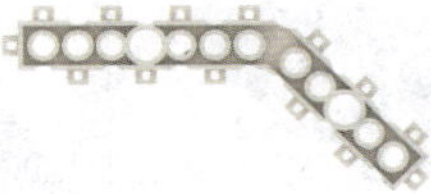	2块	连接框架5		5块
马达	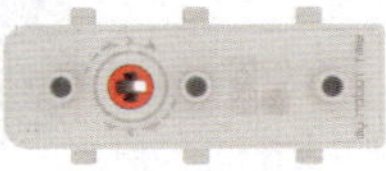	2个	小模块15	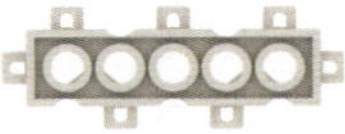	2块
小轮子		2个	圆形模块	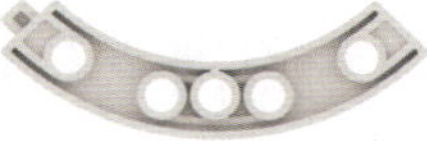	4块
角度模块6 凹		2块	中齿轮		2个
主板	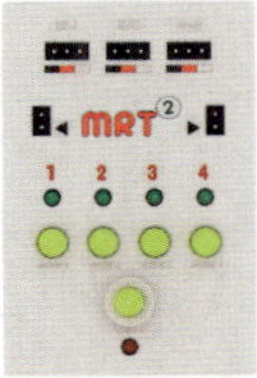	1个	软护帽		4个
角度模块3 凸	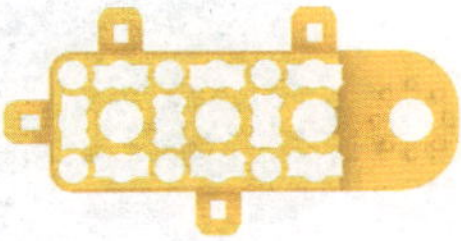	2块	电池夹	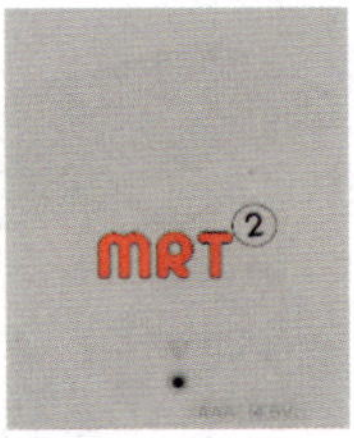	1个
眼睛模块		2块	三角模块	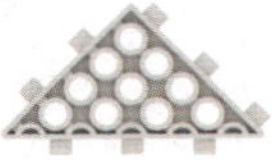	1块

③ 动手搭一搭（图12-3）

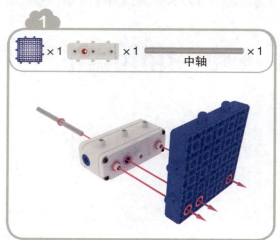

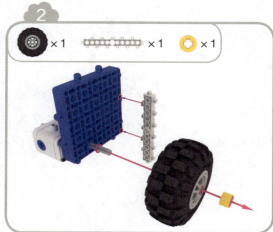

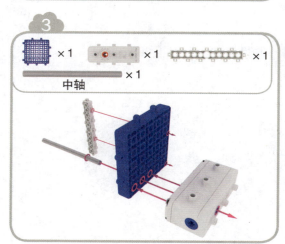

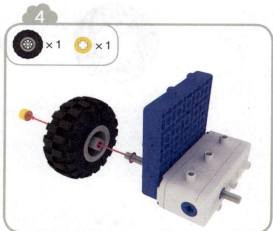

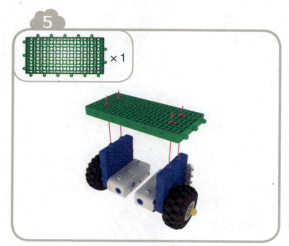

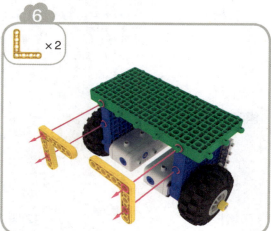

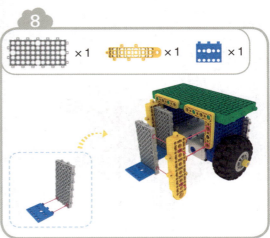
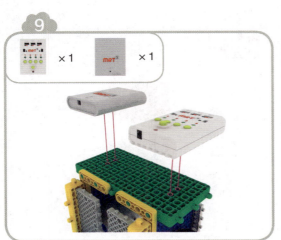
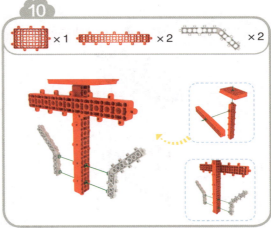
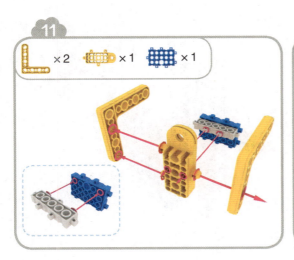
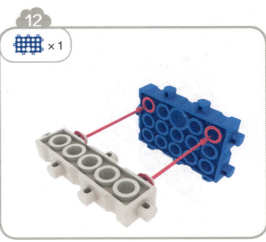

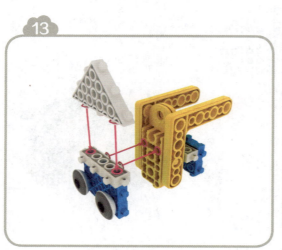
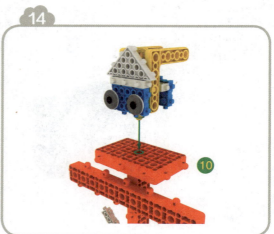
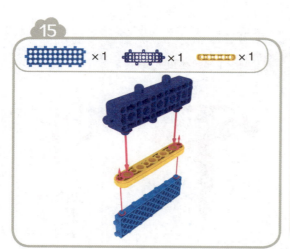
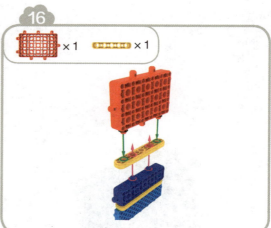
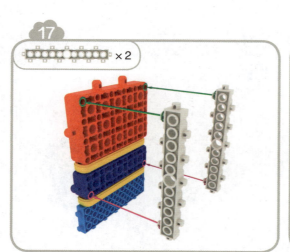
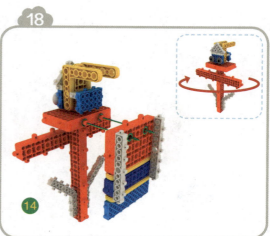

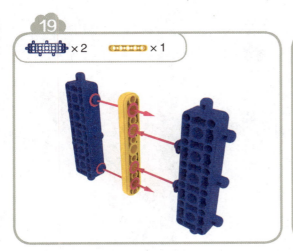
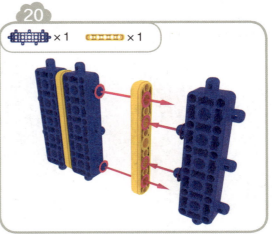
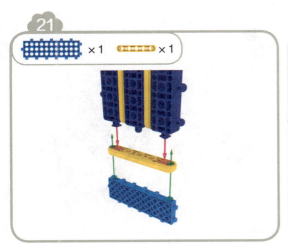
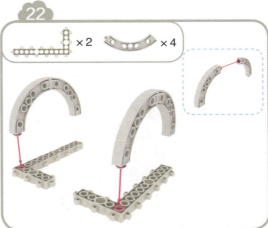
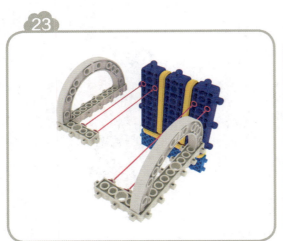

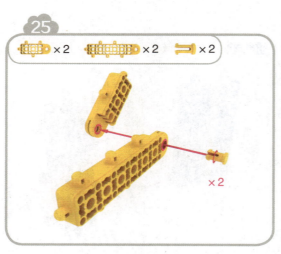
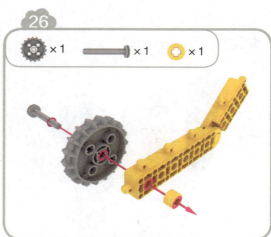
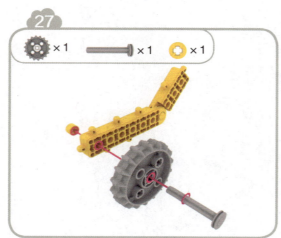

图 12-3　拼装步骤

④ 元器件连一连（图12-4）

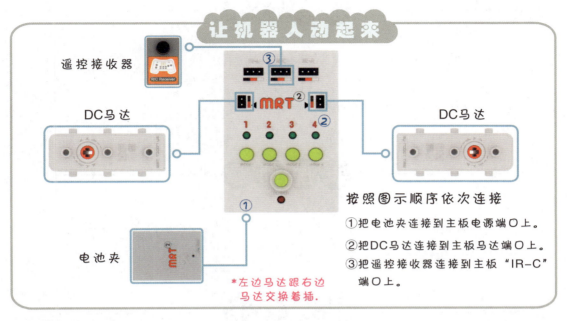

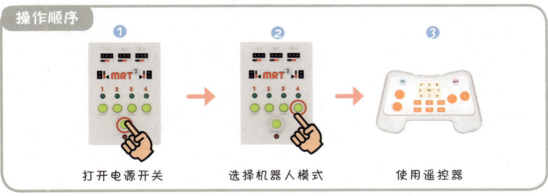

图12-4 操作说明

（1）找一找，跳舞机器人模型都有哪些关节？
（2）如果将跳舞机器人的两个马达装反了会怎样？
（3）跳舞机器人容易摔倒吗？

（1）和其他同学一起，同时操作让机器人们跳一场整齐划一的集体舞吧！
（2）你能尝试搭建出跳舞猫、跳舞狗吗？

（1）请将作品拍照、保存。
（2）请将电池夹关闭并拆下。
（3）请将电子元器件拆下。
（4）请将模型拆除。
（5）请将所有配件放回原位。
（6）对照配件清单清点配件。